「qNMR プライマリーガイド」ワーキング・グループ 著

共立出版

執筆者

第 1，4 章

末松　孝子（株式会社 JEOL RESONANCE ソリューション・マーケティング部）
朝倉　克夫（日本電子株式会社 グローバル営業推進本部）

第 1，5 章

小池　亮　（花王株式会社 解析科学研究所）
堀之内嵩暁（花王株式会社 解析科学研究所）

第 2，4，5 章

井原　俊英（産業技術総合研究所 物質計測標準研究部門）
齋藤　剛　（産業技術総合研究所 物質計測標準研究部門）
山﨑　太一（産業技術総合研究所 物質計測標準研究部門）
斎藤　直樹（産業技術総合研究所 物質計測標準研究部門）

第 3，4，5 章

杉本　直樹（国立医薬品食品衛生研究所 食品添加物部）
合田　幸広（国立医薬品食品衛生研究所 薬品部）
大槻　崇　（国立医薬品食品衛生研究所 食品添加物部）
多田　敦子（国立医薬品食品衛生研究所 食品添加物部）
田原麻衣子（国立医薬品食品衛生研究所 生活衛生化学部）

第 4 章

早川　昌子（和光純薬工業株式会社 試薬化成品事業部）
山田　裕子（和光純薬工業株式会社 試薬化成品事業部）
三浦　亨　（和光純薬工業株式会社 試薬化成品事業部）
鈴木　裕樹（和光純薬工業株式会社 試薬化成品事業部）

第 4 章

関　　宏子（元 千葉大学 共用機器センター）
刈谷智恵子（理化学研究所 創発物性科学研究センター）
石川　薫代（東京工業大学 技術部）
佐々木典子（第一三共 RD ノバーレ株式会社 合成化学研究部）

まえがき
—本書の使い方—

核磁気共鳴法（NMR）による定量分析（定量 NMR/qNMR）は他の定量分析法にはない特長を持ち，近年，分析条件を最適化することで，高精度の定量分析ができることがわかってきた．注目も高まっており，実際に取り組む，または取り組みたい研究者，分析実務者および学生が増えてきている．その対象は製薬・化学工業・食品などの分野を中心に，対象物質は有機合成化合物，天然有機化合物も含め多岐にわたっている．特に，最近では日本薬局方などの公定法に収載され，標準品（または標準物質）の値付けにも活用されている．今後もさまざまな分野で qNMR は活用が広がっていくものと予想できる．しかしながら，qNMR の初心者にとって，現状はそう明るい部分だけではないことは著者らが携わったセミナーなどのアンケートから見ることができる．実践的な部分を考えると，対象が異なれば状況もさまざまで，目的に応じた注意点もさまざまであり，実際分析をしてみると，各分野の分析者が抱く疑問点や問題点も多岐に渡る．学会発表，論文や分析機器メーカーなどから qNMR に関する情報は多く発信されている．しかし，その情報も多岐に渡っており，その中から自分の疑問点や問題点の糸口を探すのは難しい状況となりつつある．我々は qNMR をできるだけ多くの人に目的に応じて正しく活用されることを願っているが，どのようにして多岐に渡るさまざまな疑問点・問題点を解決に結びつけるのかということは課題であった．具体的な疑問点に対して答えていく方法もあるが，完全に網羅するのは困難であるし，情報を整理するどころかさらに発散してしまう可能性がある．そこで議論した結果，まず「基本に戻る」という非常にシンプルだが重要な作業を提案することにし，その環境を整えるために「qNMR プライマリーガイド」という形で情報を整理することにした．

本書は「基礎から実践まで」というサブタイトルに示すように，興味を持っているレベルから実際に分析をするレベルまで対象としている．本書は以下のような構成をとっている．1章「qNMRの概要」では基礎的な知識として，NMRで行われている種々の定量方法を内容に盛り込んだ．さまざまな方法があることを読者に認識してもらい，目的に応じて選択してもらいたい．qNMRの主な方法として知られている内標準法と外標準法は2章，3章と章を分けて解説している．説明には分析操作がイメージできるようフローチャートを入れた．qNMRの分析操作の基本であるので，読者はこれに沿って操作を行うことができる．また，qNMRについてもっと知りたい・取り組みたいという読者には，4章の「知っておきたい基礎知識」を読み進めて欲しい．基本操作と基礎知識の中に読者の分析に対する疑問点・問題点の解決の糸口が見つかるはずである．さらに，5章には具体的な活用例を示した．現状を把握しつつ，読者の活用したい範囲へさらに発展させるきっかけにして欲しい．

我々はqNMRが目的に応じて，より実用的な分析方法になることを期待している．何か疑問点・問題点が出てきたとき，まずは，一度「基本に戻る」という作業を実施して欲しい．本書が読者のいつもそばにあり，分析をする際の“灯り”となるように心から願っている．

2015年3月

「qNMRプライマリーガイド」ワーキング・グループ一同

目　次

第1章 qNMRの概要

この章では，他の分析法との比較を交えてqNMRの基礎と特徴を理解することを目的としている．qNMRには，具体的な手法が種々存在するので，それらを理解して自分の目的にあった手法を選んでほしい．

1.1 背景とqNMRの歴史

私たちは，さまざまな化学物質に囲まれて生活しているが，普段，あまり感じることはないだろう．化学物質はニュースで「ワルモノ」的な存在として時々取り上げられるが，実際には目的に応じて使い分けられ，適切に管理されることで私たちは快適な生活を送っている．適切な管理とは国が定める法令，行政文書や製造販売者による品質管理である．管理手法の一つとして，化学分析があり，さまざまな分析機器が使用されている．

分析機器の一つであるNMR（Nuclear Magnetic Resonance）は分子内の原子を直接観測する比較的大型の装置（図1.1）であり，有機化合物の構造を解析するのには必要不可欠な分析機器である．本書では，このNMRを用いて分子中の水素（^{1}H）を利用した定量分析を主に取り上げる．例として，エタノールの^{1}H NMRスペクトル（図1.2）をみてみよう．エタノール分子の3種類の官能基CH_3，CH_2，OHの^{1}Hの信号が観測できる．信号が観測される位置（化学シフト）や形（カップリング）はすべて異なっており，これは観測した^{1}Hの周りの環境に依存する．また，CH_3，CH_2，OHの^{1}H信号の面積比は3：2：1であり，それぞれの官能基の水素の数に一致している．つまり，NMRは

図1.1　NMR装置

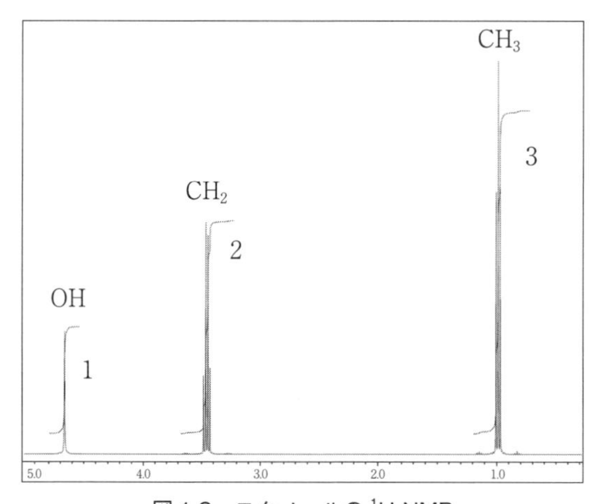

図1.2　エタノールの^{1}H NMR

化合物の分子構造を表す「定性情報」と「定量情報」をスペクトル上に同時に観測でき，私たちは，これらの情報を利用して有機化合物の構造を決定することができる†1．

NMRの原理が発見されたのは1940年頃である．NMRが有機化合物の構造

†1　本書ではNMRの基礎には触れないので，このあたりは参考書を参照してほしい[1, 2]．なお，qNMRを実施する際にはまず，スペクトル上の信号の帰属が必要である．

解析に活用され始められるまで少し時間が必要だったものの，1956 年に国内で一号機の生産が行われた．NMR のスペクトル情報から有機化合物の構造を定性的に解析する時代の幕開けとなり，特に医薬品などの有機合成の分野において必須の装置となった．しかし，開発当初の NMR は，他の分析装置に比べて検出感度があまりにも低く，少ない試料から化合物の定性的な情報，すなわち化学構造の情報を得るには十分ではなかったことから，NMR 装置の開発競争は，「NMR 信号をいかに高感度に検出することができるか」ということが最優先とされてきた．

では，NMR を用いた定量分析，すなわち，本書が取りあげる qNMR についてはどうなっていたのであろうか？　実は原理的にはすでによく知られている方法で，1963 年には qNMR に関する論文が報告されている[3]．医薬品中の特定成分の組成比を NMR により測定しているものであるが，NMR が当時の他の分析法（IR や抽出法）に比べて優位な方法であることを指摘している．しかし，この論文以降，製薬関連分野などの一部の研究者によって，NMR の定量分析への活用が続けられたに留まり，現在一般的な定量分析法として君臨しているクロマトグラフィーの影に隠れた歴史をたどってきたように感じる．この原因は上記で述べたように NMR の検出感度が低いこともあるが，それ以上に本体の大きさと価格の高さ（導入およびランニングコスト：費用対効果）による装置の普及率の低さにあったと思われる．とはいえ，NMR でしか定量分析ができないものについては少なからず活用されており，時代とともに NMR の感度や操作性が徐々に向上したこと，PC の処理速度の爆発的な向上から複雑な計算が瞬時にできるようになったことなども重なって，ようやく qNMR の芽に光が浴びるようになってくる．これが 2000 年頃の話である．ちょうど同じ時期に世間一般には「安全・安心」というキーワードで食品，医薬品だけでなく，あらゆるものに信頼性確保が重要であるとの考えが広がり，化学分野の分析結果に対してもこの考えは例外ではなかった．期せずして，NMR による定量分析「qNMR」が有機化合物の純度や含量の精確な測定に活用されはじめ，分析化学の結果の信頼性に深く関わる計量トレーサビリティ（コラム 1 参照）を実現する定量分析法として研究が進められた．このことこそが qNMR の芽をさらに大きくする肥料となり，今日では原理的には他の分析法では決し

コラム1 計量トレーサビリティとは

どの試験室の電子天びんも等しく質量が測れるのはなぜだろうか．それは電子天びんの表示が正しい値になるように，分銅で目盛り合わせ（校正）をしているからである．このとき大切なのは，分銅の持つ値の正しさとその分銅で定期的に校正を行うことであり，それらが守られていない電子天びんはいくら高価なものであっても，正しい質量を得ることができない．分銅の正しさはより正しい分銅との比較の結果を示した証明書（校正証明書）で与えられ，最終的にはキログラム原器にたどり着く．すべての分銅がキログラム原器という世界共通の基準にさかのぼれる仕組みによって，どの試験室の電子天びんも等しく質量が測れるのである．このとき，質量の正しさの程度は「不確かさ」と呼ばれる値のあいまいさで表され，キログラム原器の持つ不確かさを出発として，分銅の比較をするたびに大きくなる．すなわち，分銅の持つ値のあいまいさが増していく．この仕組みを計量トレーサビリティ（または計量計測トレーサビリティ）と呼び，国際単位系（SI）の定義を実現した国際標準や国家標準が基準となる場合は，SIトレーサビリティと言う．温度計や電圧計などさまざまな計量器や計測器において同様の仕組みが成り立っており，計量トレーサビリティが記述された証明書は，値の信頼性のよりどころとして不可欠なものである．

qNMRで分銅にあたるものは，信号面積の基準となる物質であり，信頼できる分析結果を得るためには，この物質の計量トレーサビリティが成り立っている必要がある．qNMRに用いることのできるSIトレーサビリティが保証された物質が市販されているので，これを用いてNMRの信号面積を定期的に校正することで，qNMRで得られる値の信頼性を保つことができる．

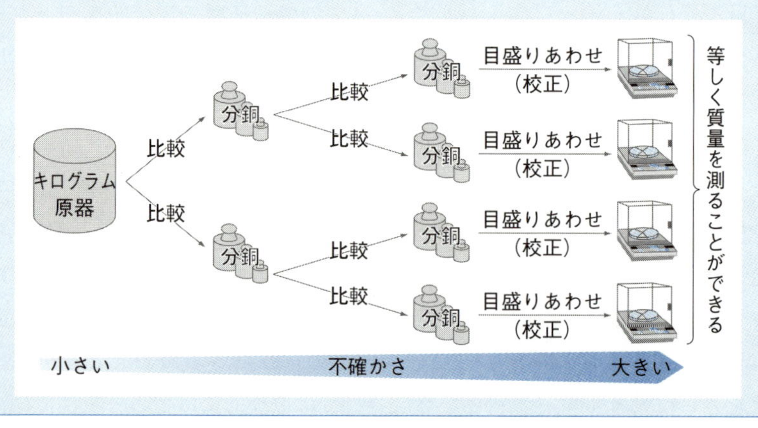

て代用できない，実用的な方法へ確実に花を咲かせようとしている．

1.2 なぜ NMR で定量できるのか

NMR スペクトル上で観測される信号の面積は試料に含まれる水素原子の数に比例する．例えば，図 1.3 のように試料溶液中にエタノール分子のみが存在する場合，エタノール分子の CH_3，CH_2，OH のそれぞれの信号の面積は，3：2：1 の比となる．

一方，エタノール分子と同時にメタノール分子が図 1.4 のように 2：1 の割合で存在する場合，それぞれの CH_3 基は 6：3 の面積比の信号としてそれぞれ観測される．

すなわち，試料溶液の濃度 C が均一であれば，それぞれの成分の濃度比は，各信号の（面積 I/官能基の水素数 H）の比と等しくなる．一方の成分の濃度が明らかであれば，信号の面積比からもう一方の成分の濃度が求まるため，式 (1.1) に従って定量用基準物質 R の濃度 C_R をもとに分析対象成分 A の濃度 C_A を定量することができる．

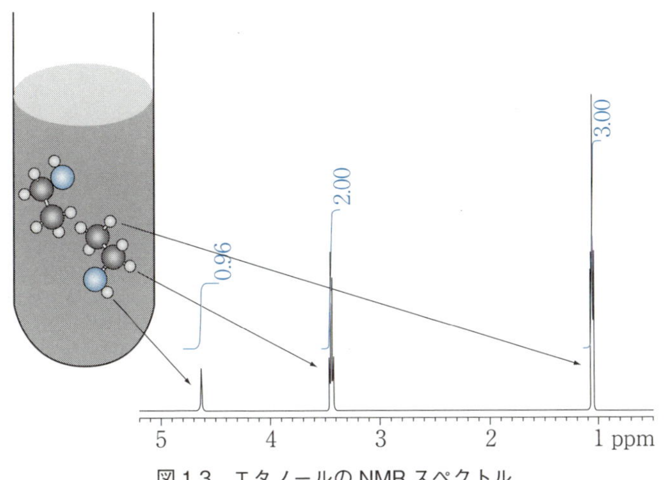

図 1.3　エタノールの NMR スペクトル

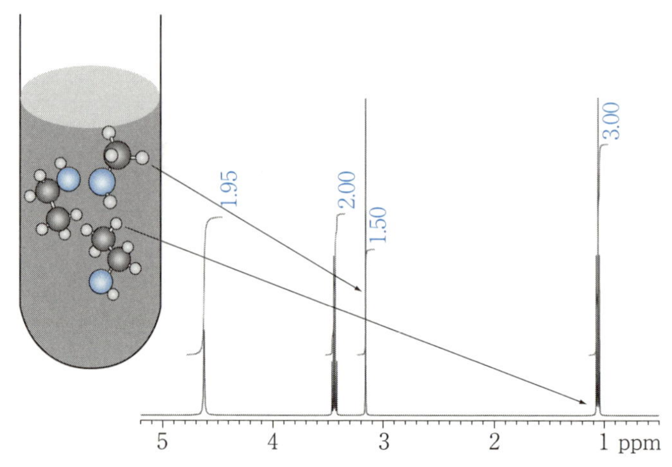

図1.4　メタノールが混入したエタノールのNMRスペクトル

$$C_A = C_R \times \frac{I_A}{I_R} \times \frac{H_R}{H_A} \qquad (1.1)$$

対象となる成分の濃度比が明らかとなるため，定量用基準物質の純度 P_R が明らかであれば，定量用基準物質を含む標準物質と分析対象成分を含む分析試料それぞれの質量 W_{RM}，W_{AS} と定量用基準物質と分析対象成分のそれぞれのモル質量 M_R，M_A から分析試料の純度 P_A を明らかにすることも同時に可能となる．

$$P_A = \left(\frac{H_R}{H_A}\right)\left(\frac{I_A}{I_R}\right)\left(\frac{M_A}{M_R}\right)\left(\frac{W_{RM}}{W_{AS}}\right)P_R \qquad (1.2)$$

これがNMRによる定量分析の基本原理である．

内標準法（1.4節参照）を用いたqNMRの試料溶液は，分析試料と標準物質の混合溶液であり，NMR信号のそれぞれを議論する際に混乱を招きかねないため，本書で用いる用語をなるべく統一しておく．定量分析の対象となる成分を含む試料を「分析試料：analytical sample（AS）」といい，分析試料中の定量分析の対象となる成分を「分析対象成分：analyte（A）」ということとする．「標準物質：reference material（RM）」も純度100％ではなく不純物を含むため，定量の基準とする信号となる物質を「定量用基準物質：reference substance（R）」と呼ぶこととする．また，これらの混合溶液全体を「試料溶液：sample

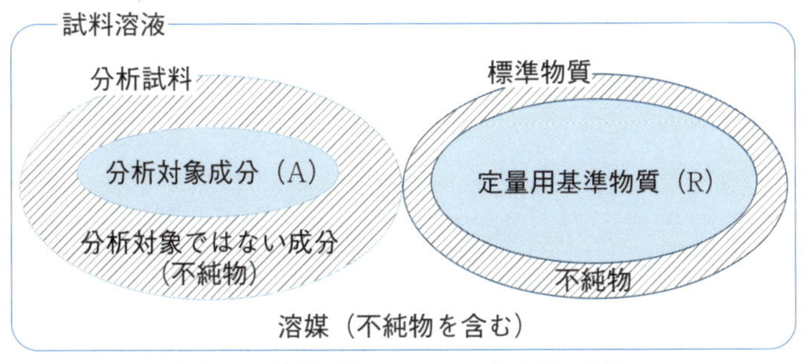

図 1.5　試料溶液に含まれる各成分の名称

solution」と呼ぶこととしている（図 1.5）.

1.3 他の定量法との違い

1.3.1 qNMR で得られる定量値の特徴

前項でも述べたとおり，NMR で得られる信号面積比は，一般的にその信号に対応する原子の数の比を示す．さらに，NMR の感度は物質の化学構造に依存しない（例外として互変異性する化合物があるがここでは述べない）ため，これらの原理を利用すると，分析試料に純度既知の物質を一定量添加した試料溶液について NMR を測定するだけで，式（1.1）または式（1.2）から分析試料中の分析対象成分の定量を行うことができる．

qNMR の特徴は，なんといっても分析対象成分とはまったく別の純度あるいは濃度既知の物質を基準として定量できる点である．このことは，純度あるいは濃度既知の物質が手元に一つでもあれば，その物質を基準として，世の中のあらゆる物質について定量分析ができる可能性があることを示している．さらに，国際単位系（SI, The International System of Units）に基づく値が付与された認証標準物質（コラム 2 参照）を用いて定量すれば，qNMR で得た定量値もまた SI という世界共通の定義に基づく値（SI トレーサブルという）となり得る．このことから，適切なプロトコルにのっとって実施する qNMR は，

コラム2　試験結果を世界共通にするためのしくみ

ある国で計測された値（質量，長さ，温度など）が国境を越えて利用できるのは，それらを相互に認めあっているためであり，この仕組みを計量標準の国際相互承認という．国際相互承認では，計量標準の種類ごとに各国の国家計量機関間で同等性を確認するための国際比較が定期的に行われている．化学の分野では，物質量諮問委員会（CCQM）の主催により国際比較が計画され，有機分析の分野では化学物質の純度や溶液の濃度，さらには土壌や血液などのマトリックス試料中の成分量などについて国際比較が行われている．国際比較では，合意された参照値に対する各機関の報告値が公表され，同等性の程度を知ることができる．それぞれの国では国家計量機関を頂点とする計量トレーサビリティ体系（下図参照）を構築することで，計測器や分析機器のユーザーが報告する試験結果が国際的に利用できる仕組みとなっている．

近年では有機分析の国際比較において「qNMR」による純度測定結果が報告され始めている．この理由としては，含まれる不純物を成分ごとに定性・定量する「差数法（マスバランス法）」のような手間のかかる純度評価法とは異なり，「qNMR」は分析対象成分を直接評価できるためである．その迅速性と信頼性から，今後その適用範囲が拡大すると期待されている．

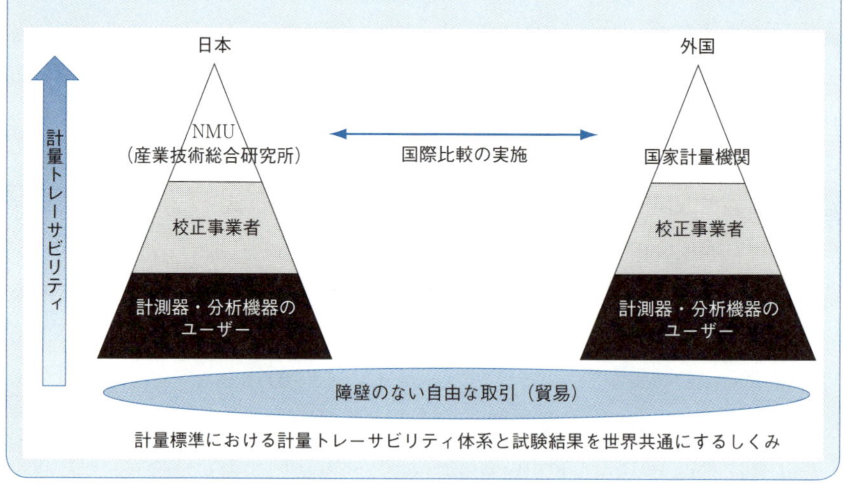

計量標準における計量トレーサビリティ体系と試験結果を世界共通にするしくみ

一次標準測定法[†2]としての資格を有する分析法と考えてよい．

最近では，「安全・安心」などの観点から，得られた結果の信頼性がますます重要となり，分野や目的によってはSIトレーサブルな分析結果が求められることもある．このような状況の中，試薬や標準物質の純度（濃度）決定をはじめとしたさまざまな目的のために，SIトレーサブルな値を求めることができるといった特徴を持つqNMRが活用されはじめている．

qNMRの分析法としての特徴

^{1}H NMRを想定した場合，qNMRの適用条件を端的に言うと，分析対象成分の分子内に水素を有することと，溶媒に溶解することの二点である．したがって，qNMRはほとんどの有機化合物を定量できうるといった優れた特徴がある．また，非破壊の測定法なので分析試料を回収できる点も，分析試料が貴重であったり，微量しか準備できなかったりする場合には，大きな利点となるであろう．

では，NMRを定量法として用いることの意義やその特徴，つまり「qNMRを用いると，具体的にはどのようなメリットがあるのか」，これをわかりやすくするため，現在ISO（International Organization for Standardization，国際標準化機構）規格やJIS（Japanese Industrial Standards，日本工業規格）などをはじめ，多くの物質の定量法として採用されている既存の機器分析法や滴定法と比較しながら，qNMRの特徴を紹介してみたい．

目的や場面にもよるが，化合物の定量法で最も普及している機器分析法は，ガスクロマトグラフィー（GC）や高速液体クロマトグラフィー（HPLC）に代表されるクロマトグラフィーである．クロマトグラフ上に検出された成分のピーク面積比，すなわち面積百分率で化合物の純度を表す方法が用いられることがあるが，一般的なGCやHPLCの検出器（水素炎イオン化検出器や紫外吸光光度検出器など）は，化合物ごとに感度が異なるため，この方法では正確な（かたよりのない）定量値は得られない（そもそも試料中の全成分が溶出／

†2　一次標準法：最高の計量学的な特性を持ち，その方法の操作が完全に記述され理解されるものであり，その不確かさがSI単位を用いて完全に記述される方法．

検出できているのかさえもわからない）．そのため，クロマトグラフィーで正確な定量値を求めたいときは，分析対象成分と同一の標準物質を用いて濃度とピーク面積の関係から検量線を作成し，これと同条件で分析試料を測定して検出された分析対象成分のピーク面積を検量線に代入して定量値を求める「絶対検量線法」や，分析試料に分析対象成分と同一の標準物質を一定量添加し，ピーク面積の増分から定量値を求める「標準添加法」などを用いなければならない．すなわち，クロマトグラフィーで正確な定量値を得るためには，分析対象成分と同一の純度や濃度既知の標準物質が必須である．しかし，有機化合物に関していえば，純度や濃度の認証された標準物質（認証標準物質）は数百程度しかないという現実がある．近年，クロマトグラフィーの発達により，ありとあらゆる有機化合物の定量結果が報告されているが，そのほとんどは純度や濃度既知の標準物質を用いていない報告であり，基準としたものがはっきりしない以上，極端に言えば，正確な定量値というには根拠がないと言える．これがGCやHPLCなどのクロマトグラフィーによる定量分析の最大の欠点となっている．これに対し，qNMRでは，分子中の原子の量を指標としていることから，検出感度が分子の化学構造に依存せず分子間の感度差がないので，原理的には純度や濃度が認証された標準物質が一つあれば，それを用いてあらゆる分析対象成分を定量できうる．さらに分子中の原子の量と強度の関係は成分に依らないため，qNMRではクロマトグラフィーでの定量分析と異なり，分析対象成分が複数ある場合にも個々の成分についての検量線の作成は不要である．このように，qNMRでは，分析試料に標準物質を一定量添加して測定すれば定量値が得られることから，迅速で分析効率が高いといった利点がある．

一方，物質に特異的な化学反応を利用して定量する滴定法は，基本的にはqNMRと同じく，分析対象成分と同一の標準物質を用いたり，分析対象成分ごとの検量線を作成したりすることなく，物質の絶対量を求める手法である．滴定法は一般的に測定のばらつきが小さく，中和，酸化還元，キレートなど，さまざまな化学反応を利用した測定法が存在し汎用的である．その半面，分析対象成分と類似した性質の夾雑物が存在すると，分析対象成分と同様に反応してしまい定量値に影響を与えてしまうのは明らかであるが，他の分析法で夾雑物を定性・定量しない限り，影響がどの程度であるかの判断ができないという欠点がある．一方，qNMR では分析対象成分と夾雑物のシグナルが十分分離できていれば，それらの影響を受けることなく正確な定量値を得ることが可能であり，スペクトルには分析対象成分だけでなく夾雑物のシグナルも検出されるので，夾雑物が定量値に影響しているかどうかも容易に確認できる．また，qNMR で用いる溶媒量は数 mL と少ないことから，近ごろ問題となっている環境負荷の低減も期待できる．

さらに，クロマトグラフィーや滴定法と qNMR の測定操作を比較すると，qNMR では分析対象成分の物性が異なっても，測定核が同じであればほぼ同じ条件で測定できるので，クロマトグラフィーなどよりも，分析対象成分ごとに測定条件を開発したり変更したりする負担が小さい．また，信号さえ重なり合わなければ，試料溶液中の複数の成分を，一つの定量用基準物質の信号を用いて一斉に定量分析することも可能である．もちろん qNMR が唯一無二な定量法ということではなく，他の定量法と比べると欠点があるのも事実である．例えば，NMR における検出器は一般的なクロマトグラフィーの検出器に比べて感度が低く，特に質量分析計（MS）と比較した場合にはその差は顕著である．また，分析対象成分と夾雑物，あるいは分析対象成分どうしの信号が重なり合った場合は正確な定量値を得ることが困難だが，NMR ではそれらの分離に有効な手法が少ないといった課題もある．

ここでは，qNMR の最も基本となる内標準法の特徴を主に記述したが，NMR で定量を行う方法は，他にもいくつか考案されている．それぞれに利点や欠点，正確かつ精度よく定量するためのポイントがあるので，それらを理解したうえで分析試料や目的に応じた方法を選択し，qNMR を有効に活用していただきたい．

1.4 qNMR の種類と選び方

1.2 節で述べたように，NMR では分子内だけでなく分子間においても定量情報を得ることができる．NMR による定量分析（qNMR）には，分析試料中の複数の分析対象成分の比率を求める方法と，定量用基準物質の信号を使って分析対象成分の絶対量（含量）を求める方法の二つがある．

前者の分析試料中の複数の分析対象成分の比率を測定する方法は（コラム 3 参照）昔から活用されているが，後者の分析試料中に含まれる分析対象成分の絶対量（含量）の測定への応用は，近年，積極的に活用されるようになった．特に最近では，NMR を用いた分析対象成分の絶対量（含量）の測定は，取り組み方次第で信頼性の高い定量分析になりうるという点で注目され，世界中で活用され始めている．

本書は絶対量（含量）測定を目的にした qNMR の操作法や活用例を取り上げている．しかしながら，qNMR といってもさまざまな方法がある．2 章，3 章に詳細な方法の解説と操作法を示すが，その前に全体を把握して自分の目的にあった方法を選択できるように，ここでは概要を説明する．

絶対量（含量）を測定する方法

絶対量（含量）測定は，分析対象成分の含量が高いもの，低いもの，複数の成分が含まれているもの，有機合成化合物，天然有機化合物などさまざまなものが対象となる．絶対量（含量）を求めたい場合は，定量基準となる NMR 信号が必要であり，標準物質を試料溶液内に入れて測定する内標準法と，標準物質の溶液（標準液または標準溶液）と分析試料の溶液（試料溶液）を別々に用意し，両者を測定して比較する外標準法がある．

内標準法では，標準物質と分析試料を混合した試料溶液を用意して測定を行い，得られたスペクトル内で定量用基準物質と分析対象成分の信号面積を比較して定量値を求める．一方，外標準法（ここでは PULCON 法を例としている．3 章で詳しく解説する）は，標準溶液と試料溶液を別々に用意して，それぞれを測定して得られた二つのスペクトルの信号面積を比較して定量値を求める．つまり，内標準法が一つのスペクトルから，外標準法が二つのスペクトルから，解析することが大きな違いである（図 1.6）．

操作も考慮にいれた両者のメリットとデメリットは次項で説明する．

NMR で成分比率を求める

化成品や加工品など分析試料に複数の分析対象成分が含まれており，それらの相対的な比率を調べたいときには，NMR を使って分析対象成分の比率を簡単に求めることができる．図の ^{1}H NMR スペクトルは，顆粒だしを測定した例であるが，糖類やアミノ酸の混合物であることがわかる．高磁場側にアラニンの CH_3 基とグルタミン酸の CH_2 基のシグナルを確認することができ，それぞれの信号面積はアラニン 3，グルタミン酸 12 であった．プロトン数と観測される信号面積は比例関係にあるから，アラニンの CH_3 基，グルタミン酸の CH_2 基であることを考慮すると，3/3：12/2 となり，すなわちアラニンとグルタミン酸は 1：6 の比率で混ざっていることが簡単にわかる．液体クロマトグラフィーを用いて成分比率を分析することもできるが，NMR では分析対象成分の信号が分離していれば約 10 分程度の短時間の測定で分析が完了する．

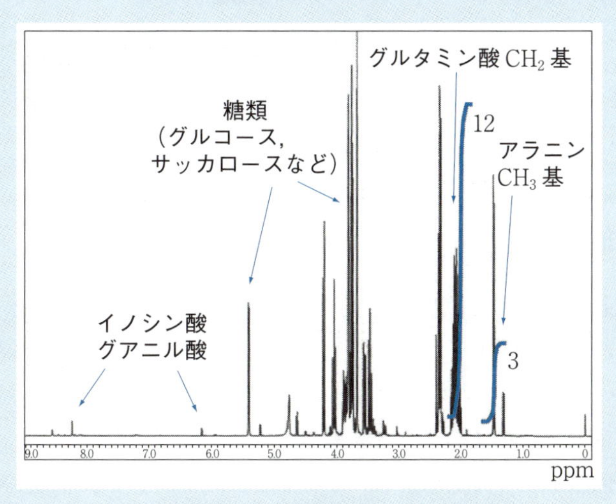

顆粒だしの ^{1}H NMR スペクトル

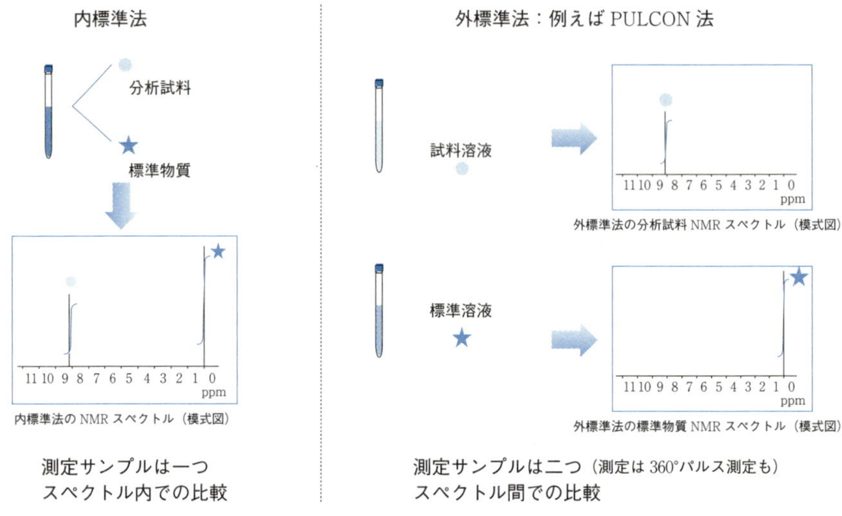

図 1.6　内標準法と外標準法

外標準法における定量用基準は NMR 信号だけでなく，電気信号や人工信号を用いるさまざまな方法が提案されている．この図では NMR 信号を使用する方法 PULCON を例にしている．

 1.4.2 絶対量（含量）測定する方法の選び方

qNMR にはさまざまな方法があり，これから始めたい分析者にとってはどの方法を用いればよいか迷うことだろう．ここでは選び方の基準を整理してみる．

1)　内標準法と外標準法のどちらを選ぶべきか

表 1.1 に内標準法と外標準法のメリットとデメリットを示した．内標準法と外標準法はすでに述べたように操作上の大きな違いから，測定可能な精確さ（不確かさ）に決定的な違いが生じる．これは分析対象成分と定量用基準物質の信号を比較するときの精度（ばらつき）や真度（かたより）に起因すると考えられる[†3]．実際に，内標準法と外標準法の精確さを比較した結果，内標準法のほうが数倍から 10 倍程度，外標準法に比べて精確さが高いと報告されてい

†3　例えば，分析試料と標準物質を別々の溶液とすると，濃度や試料管の容量の差などが，同一次元（試料溶液やスペクトルの違い）で評価ができないという点．

表 1.1　内標準法と外標準法の比較

	内標準法	外標準法
メリット	・信頼性に関して 同じスペクトル内での解析なので，評価環境が同じであり，外標準法より測定の精確さは高い（1％程度を目指せる） ・測定に関して キャリブレーション（パルス幅測定など）の測定前準備を必要としない。	・試料調製に関して 1）分析試料の汚染（コンタミネーション）を避けられる． ：微量・貴重な分析試料に有用 2）標準物質の選択や分析対象成分との相互作用など，試料調製時の検討を必要としない． 3）標準物質の使用量が抑えられる
デメリット	・試料調製に関して 分析試料汚染（コンタミネーション）が避けられない ・試料調製に関して 標準物質の選択や相互作用，溶解など，試料調製時の検討が必要	・信頼性について キャリブレーションなどの装置上のバリデーション確立が特に重要 ・測定に関して 測定時間がかかる ：キャリブレーション（VT，パルス幅，検量線など）および，標準サンプルの測定 ・試料調製に関して NMR チューブ容量の考慮 ：NMR チューブ管のロット差
	試料調製は内標準法・外標準法ともに重要	

る[4, 5]．しかし，外標準法は，試料溶液に標準物質を添加する必要がないので，貴重な分析試料をそのまま回収できる．したがって，実験者は，何を優先したいのか，すなわち，精確さ，分析試料の回収，あるいは作業効率などをよく考えて，どちらかの方法を選ぶことになる．

2)　方法選択の目安

1)で内標準法と外標準法の選択として，精確さと分析試料の回収という点で説明した．しかし，外標準法，内標準法といってもそのやり方は実はさまざまなものがあり，さらにどれがよいのか選択するのに迷うだろう．そこで，もう一つの選択する要点として「コスト」を加えて，選択する目安を紹介する．

図1.7には精確さとコストを軸にして各方法（主に，この本で取り上げる手法）を分類した．コストは主に溶媒や標準物質といった試薬，作業時間などを考慮している．精確さは実際に目指すことができる可能性である．全体的に内標準法はコストも高いが，高い精確さの設定ができる右上の領域であり，外標準法は左側を中心に分布する．外標準法には近年，さまざまな手法が開発され報告されているが，方法によって一長一短があることから個別に示している．内標準法は外標準法のようにさまざまな方法はないが，分析結果の信頼性を定量的に表現できる方法を本書ではAQARIと定義している．AQARIは，定量用基準物質として用いる標準物質の選択，試料調製，測定，解析などを適切に設定して高い信頼性を求めることが可能であるので，詳細は2章を参照してもらいたい．内標準法について少し補足すると，AQARIでは高い信頼性を目指せるものの，やり方によってはコストも精確さも幅を持っており，例えば，試料溶液の調製方法によっても異なる．定量用基準物質として用いる市販されている標準物質の多くは，分析操作環境下（常温・常圧）で固体として存在するために精密にはかり取ることができ，これらを用いると精確さの高い分析値が得られる[†4]（「2.1.3 試料調製法」参照）．ただし，数mgを精密にはかり取る

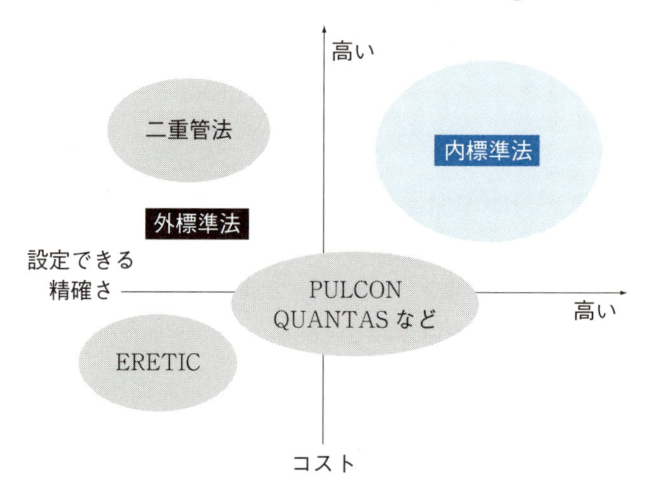

図1.7　各定量法の設定可能な精確さとコストの目安

†4　分析試料と標準物質は，液体でも固体でも基本的にそのものをはかり込んで試料調製するほうが精確さが向上する．

ことができない設備環境の場合や試料溶液を一度に多数作成したい場合などには，あらかじめ調製した定量用基準物質を含む標準溶液を用いる方法[†5]（「2.1.3 試料調製法」参照）が取り組みやすいこともある．いずれの場合もコストと精確さを勘案して目的に応じて使い分けることが望ましい．

一方，外標準法としては4種類（「2重管法」，「ERETIC」，「PULCON」，「QUANTAS」）が比較的よく知られている．「2重管法」は専用の高価なNMR試験管が必要なことに加え，標準溶液中の定量用基準物質の精確な濃度決定にも慎重さが要求される．このため，その作業工程数を含め精確さは低め，コストは比較的高めである．「ERETIC」は電気信号を基準とした方法であるが，電気信号が不安定であるため，精確さは低い．また，これを改善するための手法として開発された「QUANTAS」は，定量基準となるNMR信号を基にソフトウェア上で人工的な信号を作成して定量する方法である．「PULCON」は原理的に「QUANTAS」とほぼ等しい方法である．これら二つの手法「QUANTAS」と「PULCON」は装置キャリブレーションが必要であり，また測定時のバイアスが補正しきれない可能性もあるので，内標準法ほどの精確さを得ることは難しいと考えられる．しかし，内標準法と比べて標準物質の使用量は少なく抑えられ，コスト的には有利と考えられる．外標準法の中では，「PULCON」や「QUANTAS」が精確さ，コストの面から考えると取り組みやすいものと考えられる．なお，各方法の詳細は3章を参照して欲しい．

図1.7はqNMRのさまざまな手法の中から目的に応じた方法を選択するための参考にしてもらいたい．とはいえ，各方法は千差万別なので，同じものさしで厳密に比較することができないものであることをご了承いただきたい．図では境界線があるように思えるが，厳密には実際のやり方次第で重なってくる部分もあるので，選択に迷った場合や，現在取り組んでいる方法に疑問がある場合，自分の目的がどの領域にあるのかこの図を参考にして欲しい．

3)　適切な分析結果を得るために

内標準法やいくつかの外標準法などqNMRにはさまざまな定量方法がある

---

†5　標準溶液を用いる方法においても，溶媒の選択や標準溶液をはかり取るときに容量ではなく質量とすることによって，1％程度の精確さを実現できている[6]．

ことを紹介してきた．どの方法でqNMRを実施するかをすでに決めているかもしれないが，どの方法を選択したとしてもqNMRにおいて最も重要なのは得られる分析結果の信頼性である．得られる結果が5％程度の精確さで満足できるとしても，それが実現できていることが定量的に管理できなければ，5％の精確さが得られているかは判断できない．そこで，本書では分析結果の信頼性を定量的に表現できる方法としてAQARIを提案している．AQARIは内標準法であるがqNMRにおける重要なポイントが抑えられているため，外標準法を選択したい読者もAQARIを試しておくことで，自分たちのqNMRの手順のどこかに問題点があれば確認できる可能性が高い．また，AQARIで学ぶ個別の精確さの評価の仕方は，内標準法と外標準法の別を問わず普遍的なものであることから，qNMRの基本となる方法として最初に試してみて欲しい．

◆◆◆◆文献

［1］ 日本分析化学会編，関弘子，石田嘉明，関達也，前橋良夫著：分析化学実技シリーズ，応用分析編3，『有機構造解析』共立出版（2010）

［2］ 日本分析化学会編，田代充，加藤敏代著：分析化学実技シリーズ，機器分析編3，『NMR』共立出版（2009）

［3］ D.M. Hollis *et al.* : *Anal.Chem.*, **35**, 1682（1963）

［4］ 石附恭子，高田大，伊藤裕才，大槻崇，佐藤恭子，兎川忠靖，穐山浩，杉本直樹：「PULCON法とAQARI法によるqNMRの定量精度の比較評価」日本薬学会第134年会ポスター発表（2014）

［5］ C. H. Cullen, G. J. Ray, C. M. Szabo : *Magn. Reson, Chem.*, **51**(11), 705（2013），

［6］ 山崎太一，大槻崇，三浦亨，末松孝子，堀之内嵩暁，村上雅代，齋藤剛，井原俊英，多田敦子，田原麻衣子，合田幸広，穐山浩，中尾慎治，山田裕子，小池亮，杉本直樹：分析化学，**63**(4)，323（2014）

第2章 内標準法

2.1 内標準法とは

内標準法とは，分析対象成分と定量用基準物質を含む溶液のNMR測定を行い，分析対象成分と定量用基準物質の信号面積比から，定量用基準物質に対する分析対象成分の相対的な量を評価する方法である．図2.1に内標準法の模式図を示したが，分析対象成分と定量用基準物質の信号を同時に検出し，化学シフトの違いを利用してそれぞれの信号面積を評価できるため，検出器などのドリフトを考える必要がなく，良好な繰返し性を得ることができる．ただし，分析対象成分や定量用基準物質の信号面積を精確に評価するには信号が完全に分離されていることが不可欠である．また，標準物質を試料溶液に溶解する必要

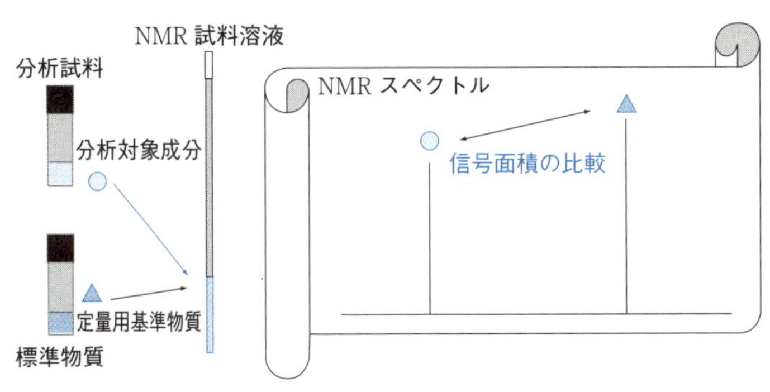

図2.1　内標準法を利用したqNMR
異なる化学シフトで共鳴する分析対象成分と定量用基準物質の信号面積を同じスペクトル上で比較する方法.

があるので，分析対象成分を回収したい場合には適さない場合もある．

 あかり—AQARI—

内標準法のうち，分析結果の信頼性を定量的に表現できる（値の精確さを確認することのできる）方法であり，原理的には一次標準測定法の資格を有する方法を，特に AQARI（あかり，*A*ccurte *Q*u*A*ntitative NM*R* with *I*nternal reference material）と呼ぶ．NMR 測定の繰返し性から得られる標準偏差だけでは値の精確さを確認するには不十分であり，他にもさまざまな要因が qNMR の測定値の精確さに関わっている．AQARI は，これらを個別に確認することによって分析結果の信頼性を定量的に表現し，信頼性の向上や分析の効率化を図ることのできる新しい概念の内標準法である．AQARI を実現するための操作などについては後述するが，AQARI の必要条件としては以下が挙げられる．

- 認標準証物質または国際単位系（SI）へのトレーサビリティの示された標準物質を定量用基準物質として利用する．
- 校正された計量器（電子天びんや体積計など）を正しく使い試料溶液を調製する．
- 繰返し待ち時間や観測幅など，測定結果に影響を与える測定パラメータに関する精確さの確認を行う．
- 位相補正やベースライン補正など，測定結果に影響を与える解析パラメータに関する精確さの確認を行う．

これらを満たすことで，値の精確さを確認することが可能となり，その結果，信頼性の高い分析結果を得ることができる．

精確さを定量的に表現する手段としては，不確かさ（コラム4参照）が用いられる．不確かさは測定値に付随するものであるので，まずは測定値に許容するあいまいさを考慮したうえで不確かさの目標値を設定する．次に，それを実現するための条件を整えたうえで試験を実施し，目標とした不確かさが達成できたかどうかの確認を行うことで信頼性を定量化できるのである．目標が達成

不確かさとは

不確かさとは，計測の分野を超えて国際的に統一された，分析結果の信頼性を定量的に表現できる新しい概念である．分析結果で最も重要なのは値の正しさであるが，その値には不確かさと呼ばれる“値のあいまいさ”が必ずあることを認識してほしい．

自宅から職場の駐車場まで車で移動し，駐車場から社屋まで徒歩で移動する通勤を考えてみよう．試してみたところ，車が50分で徒歩が10分であることがわかったとして，職場の始業時刻のきっかり1時間前に自宅を出る人はまずいないだろう．移動手段のそれぞれに所要時間の“あいまいさ”があり，それらを足し合わせて考える必要があることを知っているからである．例えば，徒歩での所要時間が常に±1分程度と比較的厳密であり，車での所要時間が道路状況の変化で大きく変動することがあるとすれば，主に後者が日によって何分程度の“あいまいさ”があるかどうかから通勤時間を見積もる必要があると人は感覚的に理解する．

不確かさの概念も上述の例と似ており，分析値の不確かさは，いくつかの要因の持つ値の“あいまいさ”が足し合わされたものである．qNMRでは，試料溶液の調製，qNMR測定，測定結果の解析などのそれぞれのステップにおいて，さまざまな不確かさの要因が存在する．したがって，何が要因になっているかを抽出し，考えられる“あいまいさ“を定量化してみることが，不確かさ評価の最初のステップである．qNMR測定の繰返しによって生じるばらつきは，定量化しやすい“あいまいさ”の一つであるが，試料溶液の調製や測定結果の解析で生じる“あいまいさ”も定量的に考えてみることが求められる（詳細は「4.3.3　不確かさの見積もり」参照）．次のステップとして，定量化した“あいまいさ”を足し合わせることで分析値の不確かさが得られる．このとき，上述の例と同様に，相対的に大きな“あいまいさ”を持つ要因によって分析値の不確かさはおおむね決まることから，分析結果の信頼性に大きく寄与する要因を見落とさないことが，不確かさの評価のポイントである．

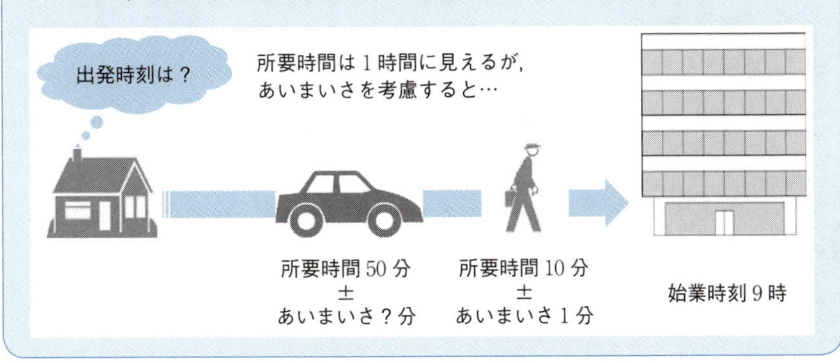

できなかった場合には，主要な原因がどこにあったのかが容易に確かめられるばかりでなく，実験をより効率的に行うためには，どの操作をより注意深く行うべきかなど，有用な知見を得ることができるので，AQARIの理解とともに不確かさ評価のしかた（「4.3.3 不確かさの見積もり」参照）を覚えてほしい．

なお，信頼できる値が付与された認証標準物質をあえて分析試料としてqNMRを実施することやqNMRの結果を他の手法で得られた結果と比較することなどにより，実施した試験の妥当性を客観的に検証することも推奨したい．

2.1.2 内標準法のしくみ

^{1}H NMRスペクトルを用いた内標準法を例にそのしくみについて解説する．^{1}H NMRの定量条件下における信号面積Iは，共鳴するプロトン数Hとその濃度cの積に比例するので，式(2.1)が得られる．

$$I = kcH \tag{2.1}$$

ここでkは定数で，測定繰返し待ち時間など，NMR信号が定量的に測定できる条件（以下，定量条件）で観測された同じスペクトル内の信号では一定の値をとる．さらに，ある成分の濃度c（mol/L）は試料溶液の体積V（L）と溶解するその成分の物質量（モル数）n（mol）で表すことができるので，式(2.2)が得られる．

$$I = \frac{knH}{V} \tag{2.2}$$

定量条件で測定された等しい物質量の混合溶液のスペクトルの例を**図2.2**に示す．例えば，ベンゼン（A）の信号面積I_{A}は，6 kn_{A}/V，1,4-ジオキサン（E）の信号I_{E}は，8 kn_{E}/Vとなる．これらは定量条件で同時に測定された信号なので，物質量nおよび試料溶液の体積Vに加えて，定数kが等しくなることから，それぞれの成分の信号面積Iがプロトン数Hに比例することがわかる．他の成分についても同様に考えられることから，信号面積Iとプロトン数Hの間には，**図2.3**に示すような直線関係が成り立つ．

ここまで等しい物質量における信号面積とプロトン数の関係を示してきた

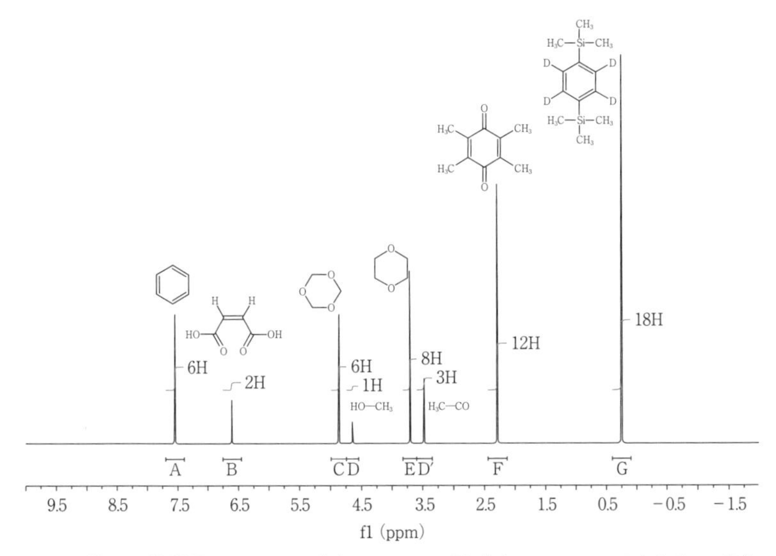

図 2.2　等しい物質量のベンゼン (A)，マレイン酸 (B)，1,3,5-トリオキサン (C)，メタノール (D)，1,4-ジオキサン (E)，テトラメチル-1,4-ベンゾキノン (F)，1,4-ビス（トリメチルシリル）ベンゼン (1,4-BTMSB-d_4) (G) の混合溶液を定量条件で測定した ^{1}H NMR スペクトルの例

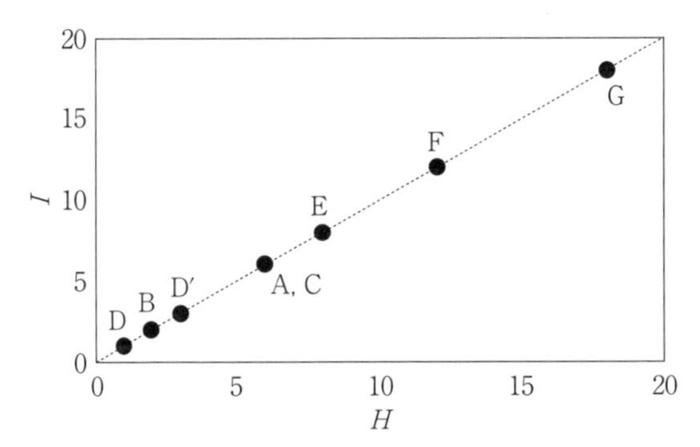

図 2.3　図 2.2 で与えられる ^{1}H NMR スペクトルにおける信号面積とプロトン数の関係
図中の A から G の●は図 2.2 の信号に対応する.

が，異なる物質量での信号面積も式 (2.2) から考えることができる．例えば，ベンゼン (A) と 1,4-ビス（トリメチルシリル）ベンゼン-d_4 (1,4-BTMSB-d_4) (G) に由来する信号の面積比を考えると，プロトン数 H_A が 6，H_G が 18 であり，試料溶液の体積 V は一致するので，定量条件では以下のようになる.

$$\frac{I_{\mathrm{A}}}{I_{\mathrm{G}}} = \frac{kn_{\mathrm{A}}H_{\mathrm{A}}/V}{kn_{\mathrm{G}}H_{\mathrm{G}}/\mathrm{V}} = \frac{n_{\mathrm{A}}H_{\mathrm{A}}}{n_{\mathrm{G}}H_{\mathrm{G}}} = \frac{6n_{\mathrm{A}}}{18n_{\mathrm{G}}} \tag{2.3}$$

すなわち，それぞれの分子構造が既知であればプロトン数がわかるので，信号面積を比較することで物質量の比が求められることになる．

この関係を一般化し，分析試料ASに含まれる分析対象成分をA，標準物質RMに含まれる定量用基準物質をRとすると，式（2.3）は以下のように表せる．

$$\frac{I_{\mathrm{A}}}{I_{\mathrm{IR}}} = \frac{n_{\mathrm{A}}H_{\mathrm{A}}}{n_{\mathrm{R}}H_{\mathrm{R}}} \tag{2.4}$$

また，試料溶液を調製する際にはかり取る分析試料の質量，分析対象成分のモル質量および分析対象成分の純度（含量）をそれぞれ W_{AS}（g），M_{A}（g/mol），および P_{A}（kg/kg）とすると，分析対象成分の物質量 n_{A}（mol）は式（2.5）のように表せる．

$$n_{\mathrm{A}} = \left(\frac{W_{\mathrm{AS}}}{M_{\mathrm{A}}}\right)P_{\mathrm{A}} \tag{2.5}$$

同様に，試料溶液を調製する際にはかり取る標準物質の質量，定量用基準物質のモル質量および純度をそれぞれ W_{RM}（g），M_{R}（g/mol），および P_{R}（kg/kg）とすると，定量用基準物質の物質量 n_{R}（mol）は式（2.6）のように表せる．

$$n_{\mathrm{R}} = \left(\frac{W_{\mathrm{RM}}}{M_{\mathrm{R}}}\right)P_{\mathrm{R}} \tag{2.6}$$

分析試料中の分析対象成分の純度 P_{A} を求めたい測定値として，式（2.4）に式（2.5）および式（2.6）を代入すると，内標準法で一般的に用いられる式（2.7）（式（1.2）再掲）を導ける．

$$P_{\mathrm{A}} = \left(\frac{H_{\mathrm{R}}}{H_{\mathrm{A}}}\right)\left(\frac{I_{\mathrm{A}}}{I_{\mathrm{R}}}\right)\left(\frac{M_{\mathrm{A}}}{M_{\mathrm{R}}}\right)\left(\frac{W_{\mathrm{RM}}}{W_{\mathrm{AS}}}\right)P_{\mathrm{R}} \tag{2.7}$$

2.1.3 試料調製法

内標準法における試料溶液は，純度が評価される分析対象成分を含む分析試料，定量用基準物質を含む標準物質および，それらを溶解する重水素化溶媒を混ぜ合わせて調製する．この際に，図2.4に示すように，

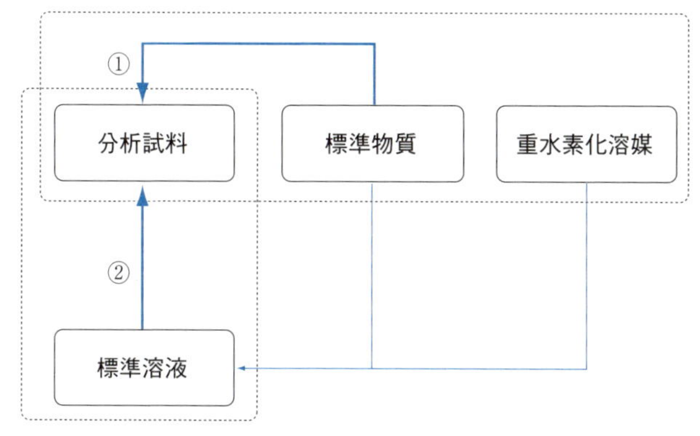

図 2.4　内標準法における試料溶液の調製法の例

① 分析試料を定量用基準物質の純度が既知の標準物質で定量する試料溶液の調製法

② 分析試料を定量用基準物質の濃度が既知の標準溶液（あらかじめ標準物質に重水素化溶媒を加えて調製したもの）で定量する試料溶液の調製法

が考えられる．

①の方法は**図 2.5** に例示するように，分析試料と標準物質それぞれを天びんで精密にはかり取り，それらを重水素化溶媒で溶解する試料溶液の調製法であり，最も精確な結果を得られる調製法であるが，標準物質などを精密にはかり取ることが求められることから，設備環境によっては実現することが難しい場合もある．分析対象成分と定量用基準物質の物質量の比は，分析試料と標準物質をそれぞれ精密にはかり取ることで固定することができるため，重水素化溶媒の量は試料の溶解性と NMR 測定条件を勘案して任意に設定できる．試料溶液の調製の精確さに影響を及ぼすのは，分析対象成分と定量用基準物質のはかり取りであることから，それぞれの昇華性（揮発性）や吸湿性などに気を配る必要がある．なお，「2.2 フローチャート」および「2.3 操作手順」ではこの調製法を念頭に詳細に解説する．

②の方法は**図 2.6** に示すように，分析試料と標準溶液をそれぞれ精密にはかり取り試料溶液を調製する方法である．分析試料をはかり取った容器に分注器などで標準溶液を一定量加えてはかり取り，溶解する．用いる標準溶液は標準

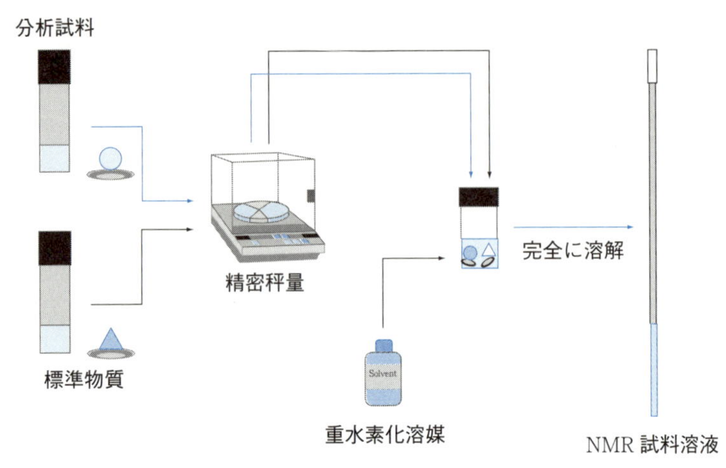

図 2.5　分析試料と標準物質をそれぞれ天びんで精密にはかり取って合わせたバイアルに重水素化溶媒を加えて完全に溶解させる試料溶液の調製法（図 2.4 の①の方法）の例
この場合，溶媒量は得られる分析対象成分と定量用基準物質との NMR 信号面積比に影響を与えない.

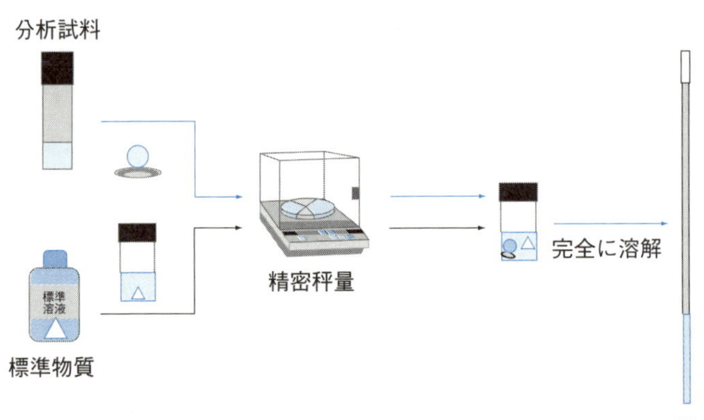

図 2.6　分析試料を天びんで精密にはかり取ったバイアルに，標準溶液を加えて天びんで精密にはかり取り完全に溶解させる試料溶液の調製法（図 2.4 の②の方法）
別の容器ではかり取った分析試料を容器ごとバイアルに移してもよい．ここで標準溶液は、あらかじめ標準物質に重水素化溶媒を加えて調製したものを指す.

物質に重水素化溶媒を加えて適切な濃度に調製したものを必要量用意しておく．この調製には天びんを用いて濃度を質量分率（質量／質量）で求めておくことを奨める．試料溶液の調製時にも，標準溶液は質量をはかり取ることで①の方法に近い精確さを得られるが，その確認がより煩雑になることは否めない．一方，標準溶液の添加に体積計を用いる場合は分析試料をはかり取った容器に，分注器などで標準溶液を一定量加えて溶解させることで試料溶液を調製するため，微量の標準物質を精密にはかり取る必要が無く，迅速かつ簡便に試料調製ができるが，精確さはこれまでに示した方法と比較すると劣る．②の方法は，設備環境により微量を精密にはかり取ることができない場合や同じ標準物質と溶媒の組み合わせ，すなわち同じ標準溶液を利用して試料溶液を一度に多数調製したい場合などに有効である．なお，計量トレーサビリティが保証された適当な市販標準溶液があれば，これを利用してもよいが，試料溶液の調製の精確さの観点から濃度が質量分率で表示されているものを利用することを推奨する．

なお，適した標準物質が入手できない場合は，高純度試薬の中から想定される試料溶液中で安定かつ化学シフトが重ならない信号を与える物質を選定し，試料溶液の調製法①または②を実施することも可能である（コラム 5 参照）．

2.2 フローチャート

AQARI のうち，^{1}H 核を対象とする純度評価を念頭においたフローチャートを図 2.7 に示す．試験者が目指す精確さで分析結果を得るためには，分析試料に適した溶媒を選定したうえで，分析試料と標準物質が溶解した試料溶液における予備検討を行い，本試験に臨むことが重要である．溶媒の選定や試料溶液における予備検討は，とりわけ分析結果のかたよりを取り除くことに有効である．図 2.8 に

① 溶媒の選定のフローチャート
② 試料溶液における予備検討のフローチャート

標準溶液を用いた内標準法による安息香酸の純度決定

定量用基準物質として 1,4-BTMSB-d_4 を溶解した標準溶液を用いて，分析対象成分の安息香酸の純度を求めた例を紹介する．

1,4-BTMSB-d_4（純度 99.8 % ± 0.5 %）13.6435 mg を精密にはかり取り，重メタノール 50 mL に定容したものを標準溶液とした．この標準溶液 1.0 mL に別の定量用基準物質ジエチルフタレート（DEP：純度 99.98 % ± 0.01 %）6.5155 mg を溶かしたものを試料溶液とした．DEP を基準として 1,4-BTMSB-d_4 の濃度を校正すると 0.2657 mg/mL（DEP のシグナル a, b, c, d から求めた平均値）となり，1,4-BTMSB-d_4 の調製濃度である 0.27232 mg/mL（6.5155 mg/50 mL）と比較することで，調製値を検証できる（図上）．次に，標準溶液 1.0 mL に安息香酸 7.0459 mg を溶かした試料溶液につき，qNMR 測定を行い，1,4-BTMSB-d_4 を基準として安息香酸の純度を求めた結果，99.9 %（シグナル a, b, c より求めた平均値）であった（図下）．ここで分析対象成分とした安息香酸は NIST SRM350a，純度 99.9958 % ± 0.0027 % のものであるので，うまく調製すれば，標準溶液を用いても精確な定量分析ができることがわかる．

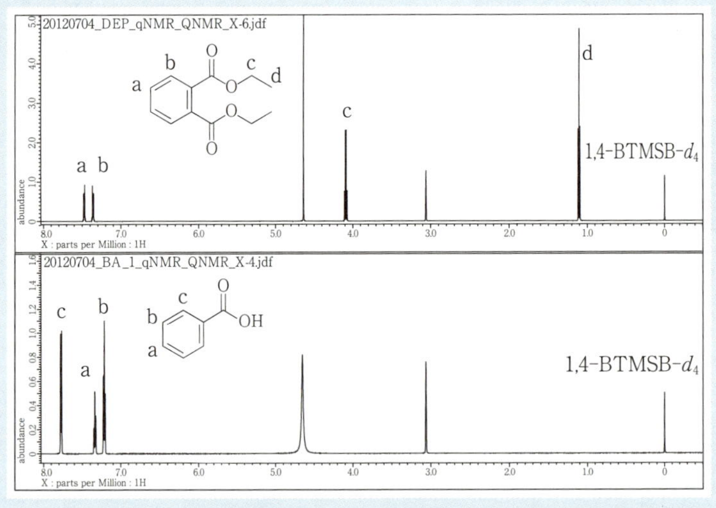

1,4-BTMSB-d_4 を定量用基準物質とした標準液の校正と安息香酸の純度決定

なお，1,4-BTMSB-d_4 のシグナルを 0 ppm に設定している．

内標準法における仲介物質の利用

^{1}H NMRの場合は，定量用基準物質として利用できる計量トレーサビリティの保証された標準物質（「4.1.2　qNMRに用いられる標準物質の品質」参照）がいくつか市販されているが，内標準法では化学シフトが重ならないことなどの制約から，適した標準物質が入手できないことがある．このような場合でもqNMRでは比較的容易に計量トレーサビリティを保証した信頼性の高い定量分析が実現できるので，そのやり方を紹介する．

まず，適当な高純度試薬の中から，想定される試料溶液中で安定かつ化学シフトが重ならず，主成分の信号がqNMRの実施に適した物質（以下，仲介物質とする）を選ぶ．次に，計量トレーサビリティの保証された標準物質を用意する．このとき，標準物質にはNMRスペクトル上で仲介物質と信号が重ならないものを選定する．

試験の精確さを重視する場合は，「2.1.3 ①試料調製法」で解説した試料調製方法により，仲介物質の主成分の純度（または濃度）を標準物質から求める．同様に2.1.3 ①の試料調製方法により，仲介物質の主成分を定量用基準物質として，分析試料に含まれる分析対象成分の評価ができる．

一方，試験の効率性を重視する場合は，「2.1.3 ②試料調製法」で解説した方法により，仲介物質に重水素化溶媒を一定量加えて調製した溶液中の主成分の濃度を別の標準物質から求める [2.1.3 ②の試料調製法とは標準物質と分析試料の関係性が逆であることに注意]．このとき，仲介物質を精密にはかり取る必要はなく，かつ重水素化溶媒の添加量も厳密である必要はない．同様に2.1.3 ②の試料調製法により，仲介物質を希釈した溶液の主成分を定量用基準物質として，分析試料に含まれる分析対象成分の評価ができる．

内標準法における仲介物質（仲介物質の溶液を含む）の利用では，仲介物質の評価も含めてすべての工程をAQARIにより実施することで，仲介物質を通して測定結果の計量トレーサビリティが保証できる（右図参照）．また，まとまった量の仲介物質を評価し，ストックしておくことでコストが低減できるが，特に溶液の保存には安定性や気密性などに注意する必要があり，分析試料の測定の直前に溶液中の仲介物質の濃度を再評価するとよい．

標準物質中の定量用基準物質

仲介物質中の主成分

AQARI

化学シフトが近く
評価しにくい

分析試料中の分析対象成分

仲介物質中の主成分
（定量用基準物質）

AQARI

③　本試験のフローチャート

を示す.

2.3 操作手順

「2.2 フローチャート」における実験操作の具体的な手順を述べる.

2.3.1 目標の設定

分析値が持つあいまいさは，不確かさという指標を用いて定量的に表現することができ，分析値が持つ不確かさを評価することで初めて分析値の信頼性が確保される．このとき，目標とする分析値の不確かさ[†6]によって，本試験に

†6　約 95 %の信頼の水準を持つと推定される区間に相当し，拡張不確かさと呼ばれる．一方，「2.3.5 結果の確認」で述べる各要因の不確かさは，拡張不確かさを包含係数 k（通常は $k = 2$）で割った標準不確かさであり，本項では目標とする分析値の不確かさ以外で不確かさという用語を用いる場合は標準不確かさを意味することとする.

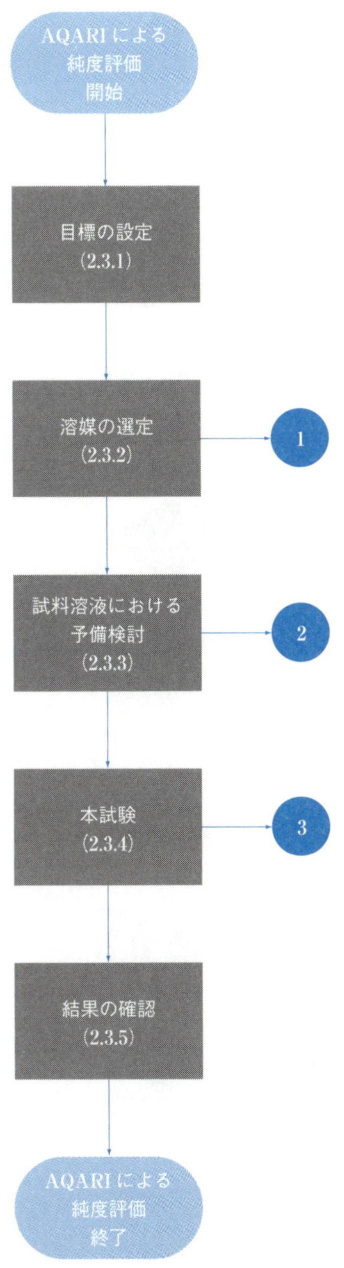

図 2.7　AQARI による純度評価のフローチャート

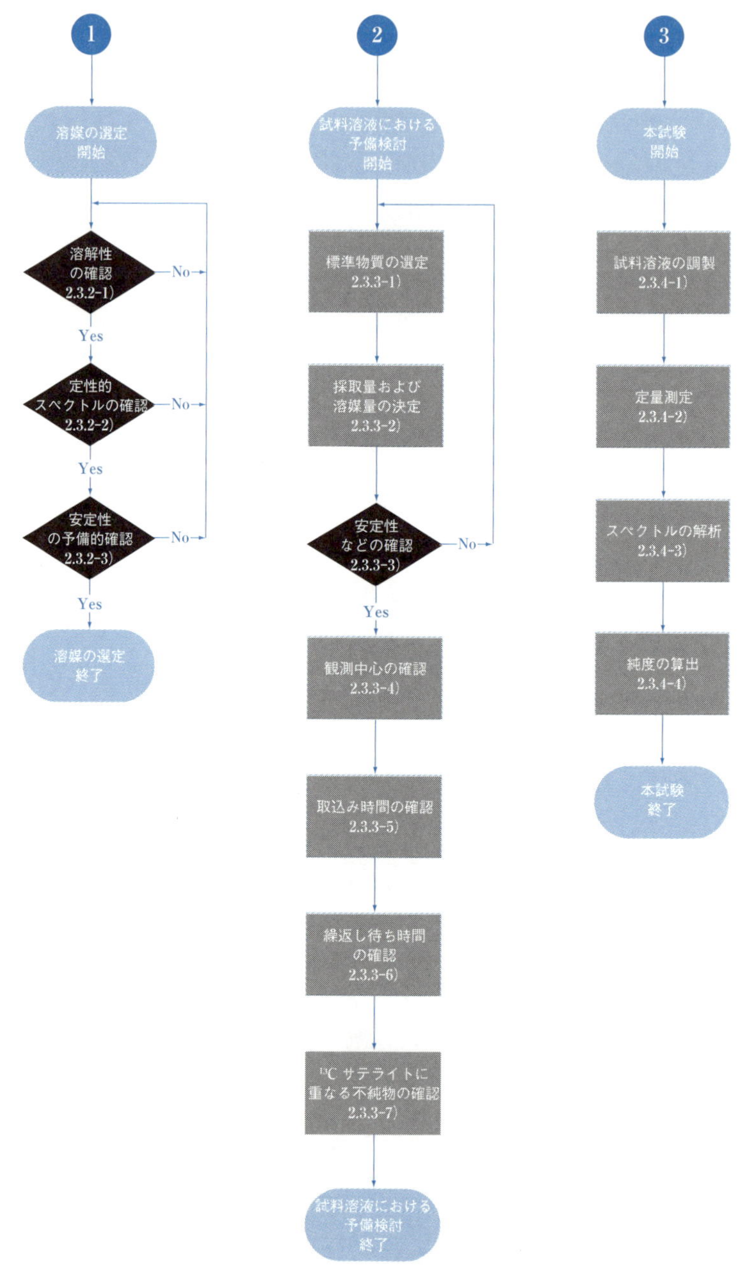

図2.8　溶媒の選定，試料溶液における予備検討および本試験のフローチャート

おける試料溶液の調製および定量測定の条件などが異なる場合があるため，あらかじめ目標とする分析値の不確かさを設定する．

例えば，分析対象成分の純度を有効数字３桁で評価するならば，目標とする分析値の不確かさは大きくとも１％程度に設定することが望ましい．

2.3.2 溶媒の選定

分析試料と標準物質が溶解する試料溶液における予備検討を始める前に，あらかじめ分析試料に適した溶媒を選定することを推奨する．具体的には，例えば表 2.1 を参考に分析試料が溶解し得る溶媒を候補溶媒として選び，分析試料の溶解性，定性的スペクトル，溶液中における安定性をそれぞれ確認する．なお，候補溶媒においては，その重水素化率や不純物および水の含有量にも注意することが重要であるため，溶媒ブランクの確認を行うことが望ましい．

1)　溶解性の確認

分析対象成分を完全に溶解させることが必須の条件であることから，分析試料を完全に溶解させるべきである．そのため，まずは候補溶媒への分析試料の溶解性を確認する．

具体的には，分析試料を採取した容器（例えばスクリューバイアル）に対して，必要とする SN 比（「4.2.3-1)感度と SN 比」を参照）に応じた濃度となるように候補溶媒を適量加える．その後，容器を軽く手で振りながら分析試料が溶解していく様子を目視で確認することを推奨する．このことによって，溶液中に微粒子が残った場合にそれが分析試料の溶け残りの粒子であるのか否かを判断しやすくなる．このとき，溶解に要した時間をストップウォッチなどで計測しておくと，分析試料の溶解性を異なる候補溶媒間で比較するうえで役に立つ．なお，溶けにくい場合は振とうや超音波照射などを行い，それでも溶解しないようであれば溶媒量を増やしたうえで同様の操作を行う．いずれを行っても溶解しない場合は，候補溶媒を変更する．

表 2.1　NMR で主に利用される重水素化溶媒[1]

溶媒	δH（ppm）	信号の多重度	融点（℃）	沸点（℃）
酢酸-d_4	11.65 2.04	1 5	16.7	118
エタノール-d_6	1.11 3.56 5.19	m 1 1	−114.1	78.5
テトラヒドロフラン-d_8	1.73 3.58	1 1	−108.5	66
アセトニトリル-d_3	1.94	5	−45	81.6
アセトン-d_6	2.05	5	−94	56.5
トルエン-d_8	2.09 6.98 7.00 7.09	5 5 1 m	−95	110.6
ジメチルスルホキシド-d_6	2.50	5	18.55	189
N,N-ジメチルホルムアミド-d_7	2.75 2.92 8.03	5 5 1	−61	153
メタノール-d_4	3.31 4.78	5 1	−97.8	64.7
1,4-ジオキサン-d_8	3.53	m	11.8	101.1
重水	4.80（DSS） 4.81（TSP）	−	3.81	101.42
ジクロロメタン-d_2	5.32	3	−95	39.75
1,1,2,2-テトラクロロエタン-d_2	6.0	−	−44	146.5
ベンゼン-d_6	7.16	1	5.5	80.1
ピリジン-d_5	7.22 7.58 8.74	1 1 1	−41.6	115.2-115.3
クロロホルム-d	7.24	1	−63.5	61-62
トリフルオロ酢酸-d	11.50	1	−15.4	72.4

^{1}H の化学シフト（δ_H）は TMS（テトラメチルシラン）に対する値を示す．ただし，重水の場合は DSS（3-(トリメチルシリル)-1-プロパンスルホン酸ナトリウム）あるいは TSP（3-(トリメチルシリル)-プロピオン酸ナトリウム）に対する値を示す．また，信号の多重度において，m はマルチプレットを意味する．

2)　定性的スペクトルの確認

分析試料と候補溶媒の組み合わせによっては，分析試料中に存在する交換性 ^{1}H 核の影響により NMR スペクトルにおけるベースラインが局所的に上昇する場合や，分析対象成分の信号の線幅が広くなる場合などがある．そのため，NMR スペクトルを定性的に確認することを推奨する．

具体的には，直径 5 mm の NMR 管を用いる場合，分析試料が溶解した溶液を 0.4 mL～0.8 mL の範囲で液高が常に一定となるように NMR 管に分注する．汎用的な条件で，分析試料の溶液を調製後に速やかに測定する．得られる NMR スペクトルにおいて分析対象成分の信号の帰属を行った後，ベースラインや分析対象成分の信号の線幅，異なる官能基に由来する信号同士の分離などを確認する．また，分析試料に含まれる不純物と分析対象成分の信号が隣接することが予測できる場合，積算回数を増やすなどし，分析対象成分の信号の近傍に不純物の信号が認められるか否かを確認しておくことも有用である．なお，この段階で溶媒や不純物の信号との重なりが認められる分析対象成分の信号は，純度評価に用いることができない場合があるため，分析対象成分の信号が可能な限り溶媒や不純物の信号と重ならない溶媒を選定することが望ましい．NMR スペクトルに問題が認められる場合は，候補溶媒を適宜変更する．

3)　安定性の予備的確認

あらかじめ分析試料の溶液の安定性を確認しておくと，「2.3.3-3)安定性などの確認」において問題が認められる場合にその原因を判断しやすくなり，効率的に試料溶液における予備検討を進めることができる．そのため，分析試料の溶液の安定性を確認することを推奨する．

具体的には，分析試料の溶液の調製後に速やかに汎用的な条件で測定して得られる NMR スペクトルと，本試験における定量測定で必要と推定される時間の経過後に同じ条件で測定して得られる NMR スペクトルを比較し，不純物の信号の変化などを確認する（図 2.9）．安定性に問題が認められる場合は，候補溶媒を適宜変更する．

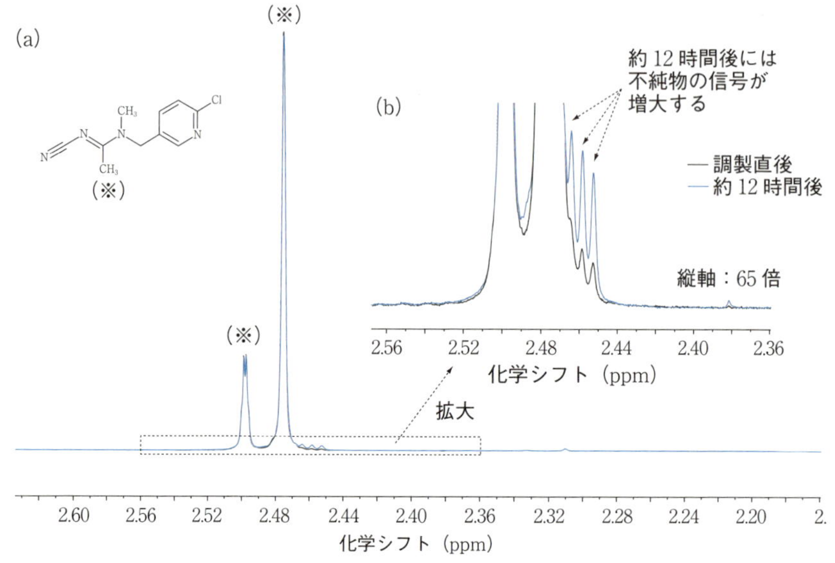

図 2.9　溶液中で分析対象成分が不安定である場合のスペクトル変化の例

殺虫剤であるアセタミプリドのメタノール-d_4 溶液のスペクトルの特定の化学シフト域を示す．(a) はアセタミプリドのメチル基（-N＝CN-CH_3）に由来する信号の化学シフト域を，(b) は (a) の縦軸を約 65 倍に拡大したものをそれぞれ示す．約 12 時間経過後の測定では，2.46 ppm 付近に認められる不純物の信号の増大が認められる．

2.3.3 試料溶液における予備検討

本試験を前に，選定した溶媒に分析試料と標準物質が溶解する試料溶液における予備検討を行うことが重要である．具体的には，標準物質を選定した後，分析試料および標準物質の採取量と溶媒量を決定する．その後，試料溶液を調製してその安定性などを確認し，**表 2.2** に示す定量測定の条件のうち特に重要な測定パラメータである繰返し待ち時間および ^{13}C デカップルの確認を行い，定量測定の条件を最適化する．なお，表 2.2 では触れていない測定パラメータであるが，観測中心と取込み時間についても確認を行う．

1)　標準物質の選定

定量用基準物質として用いる標準物質に求められる特性として，吸湿あるい

表 2.2　定量測定の条件の例[2]

主なパラメータ	設定値
デジタル分解能	0.25 Hz 以下
観測幅	−5 ppm～15 ppm を含む 20 ppm 以上
試料管スピン	なし
パルス角	90°
パルス繰返し時間	60 s 以上
^{13}C デカップル	あり
積算回数	8 回以上
ダミーパルス	2 回以上
測定温度	20～30 ℃の一定温度

表中の「パルス繰返し時間」は，本文中の「取込み時間＋繰返し待ち時間」を指す．

は昇華（揮発）などによる質量変動が可能な限り小さく安定してはかり取りを行えること，認証標準物質あるいは国際単位系（SI）へのトレーサビリティが保証された標準物質であって純度が可能な限り高いこと，単純な形状（可能であればシングレット）の信号を示すことなどがある（「4.1.2-1)標準物質に求められること」を参照）．分析試料と選定した溶媒の組み合わせに応じて適切な標準物質を選定することが重要である．

具体的には，例えば表 4.1 を参照し，以下の点に注意して適切な標準物質を選定する．

- 選定した溶媒へ容易に溶解し，かつ溶液中で安定であること．
- 分析対象成分の信号に標準物質由来の信号が重ならないこと．
- 定量用基準物質の信号に溶媒および不純物の信号が重ならないこと．
- 分析試料と溶液中で相互作用しないこと．

なお，定量用基準物質として用いる標準物質の純度の不確かさが目標とする分析値の不確かさの 4 分の 1 未満となるよう，適切な標準物質を選定することが望ましい（「2.3.5 結果の確認」を参照）．

2) 採取量および溶媒量の決定

目標とする分析値の不確かさに応じて，用いる天びんの最小計量値（「4.1.3 精確なはかり取りの基礎」を参照）を考慮して分析試料と標準物質の採取量を決定したうえで，「2.3.2-1)溶解性の確認」における結果を考慮して溶媒量を決定する．

3) 安定性などの確認

標準物質を加えることによって分析対象成分の信号に影響がないことや，分析対象成分の安定性をより定量的に判断するために，試料溶液において安定性などを確認することが重要である．このとき，分析試料の溶液が安定であっても，標準物質を加えることによって不安定化する場合があるので注意する．

具体的には，試料溶液の調製後に速やかに汎用的な条件で測定を行って得られるNMRスペクトルと，本試験における定量測定で必要と推定される時間の経過後に同じ条件で測定を行って得られるNMRスペクトルから分析対象成分と定量用基準物質の信号面積比をそれぞれ算出し，その経時的な変化を確認する．安定性に問題が認められる場合は，「2.3.3-1)標準物質の選定」に戻る．ただし，適切な標準物質の選定が困難な場合は，「2.3.2 溶媒の選定」に戻る．なお，標準物質および溶媒のいずれも変更できない場合などは，試料溶液の調製後に速やかに測定を行うことや，場合によっては測定時間を短縮して測定を行うことを検討する．

4) 観測中心の確認

観測中心が，純度評価に用いる信号の積分範囲（「2.3.4-3) b. 積分範囲の設定」を参照）に重ならないことの確認を推奨する．^{1}H NMR 測定の場合，観測中心がこれら信号の積分範囲に重ならなければ，デフォルト設定のまま定量測定を行ってよいが，パルス励起範囲を考慮すると純度評価に用いる分析対象成分の信号と定量用基準物質の信号の中央に設けることが望ましい（「4.2.3-2) パルス幅」を参照）．分析対象成分の複数の信号を純度評価に用いる場合は，分析対象成分の信号と定量用基準物質の信号のうち，例えば最も離れた信号同士の間に観測中心を設ける（図2.10）．

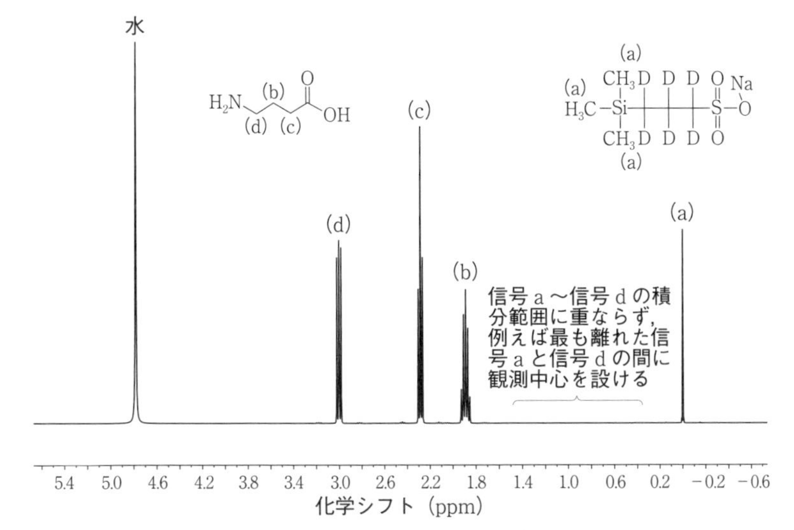

図 2.10　観測中心の設定において望ましい例を示すスペクトル
分析対象成分が 4-アミノ酪酸，定量用基準物質が DSS-d_6 である場合の重水溶液のスペクトルを示す．

5)　取込み時間の確認

取込み時間の設定方法は装置によって異なるが，表 2.2 で示した 0.25 Hz の分解能が得られるように取込み時間は 4 s としておおむね問題ない．ただし，NMR スペクトルにおいて，信号の裾に振動するノイズが生じる場合には，適切な取込み時間を確認することを推奨する．

具体的には，4 s よりも長い取込み時間で測定した FID を確認し，ノイズレベルまで減衰する時間を取込み時間とするとよい（**図 2.11**）．なお，取込み時間を必要以上に長くした場合は，ノイズ成分を過剰に取込むことによる SN 比の低下に留意する（「4.2.1-2)デジタル分解能と取込み時間」を参照）．また，「2.3.3-7) ^{13}C サテライトに重なる不純物の確認」において ^{13}C デカップルを行う必要があると判断する場合は，プローブを破損することなく測定可能な取込み時間とすることに十分に注意する．

6)　繰返し待ち時間の確認

定量的に評価しにくいかたよりを与える要因を可能な限り排除するために

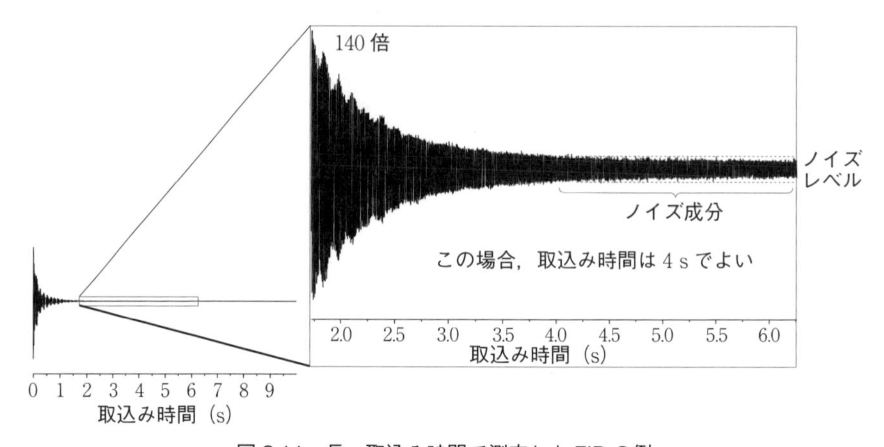

図2.11　長い取込み時間で測定したFIDの例

取込み時間を10sとして測定を行ったFIDを示す．FIDの全景と，2s〜6sの範囲において縦軸を約140倍に拡大したFIDをそれぞれ示す．

は，繰返し待ち時間は純度評価に用いる信号のうち，最も長い縦緩和時間[†7]を基準に設定する必要があるが，多くの低分子有機化合物の場合には60sとしておおむね問題ない．ただし，これら信号の縦緩和に十分な繰返し待ち時間となっていない場合には，信号面積間にかたよりが生じる恐れがあるため縦緩和時間を評価して，繰返し待ち時間が十分であるか否かを確認することを推奨する[3-5]．

具体的には，反復回転法[†8]を利用して縦緩和時間を評価し，適切な繰返し待ち時間を確認するとよい．反復回転法のパルス間の待ち時間τを長くしていき，NMRスペクトルにおける信号強度がゼロになる時間τ_{null}の約1.44（= 1/ln2）倍が着目する信号の縦緩和時間となるが，より簡便には純度評価に用いるすべての信号が正となるτを用いて，繰返し待ち時間が十分であるか否かを

†7　縦緩和時間：スピン-格子緩和時間．T_1ともいう．ラジオ波パルスによって励起された磁化の外部磁場と平行な成分が，エネルギーを放出して熱平衡状態に戻る過程を表す時定数．

†8　反復回転法：inversion recovery法とも呼ばれる．縦緩和時間を測定するための手法の一つ．180度パルスによって回転座標系のZ軸上で反転された核スピンが，時間とともに定常状態に回復していく過程を，待ち時間に続く90度パルスで観測する測定法．縦緩和時間が正しく求まるが，緩和時間の長い試料では，測定に長時間を要する．

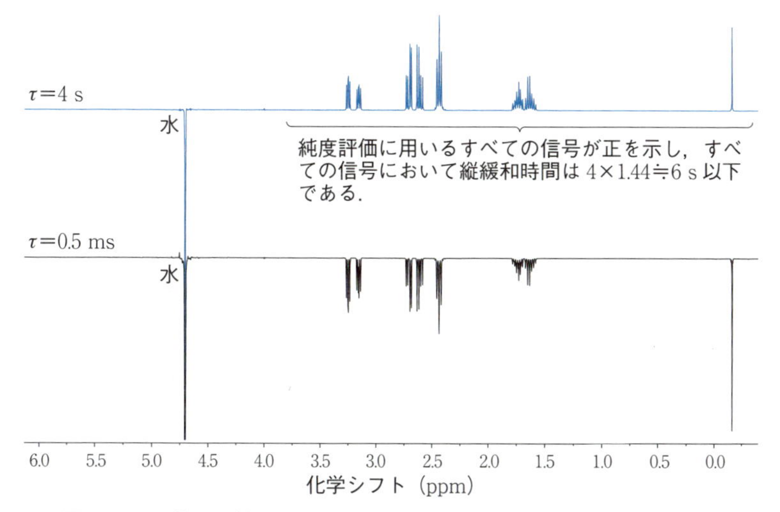

図 2.12　反復回転法により縦緩和時間を簡便に評価したスペクトルの例
分析対象成分がL-シスタチオニン，定量用基準物質がDSS-d_6である場合の1 mol/L 重水酸化ナトリウム重水溶液を異なるτで測定したスペクトルを示す．分析対象成分および定量用基準物質の信号は，水の信号より高磁場側で検出される．

確認できる．**図 2.12** に示すNMRスペクトルでは，$\tau = 4$ sの場合に，純度評価に用いるすべての信号が正を示しているため，これら信号の縦緩和時間はいずれも6 s以下となる．したがって，この場合は，60 sを繰返し待ち時間とすれば，いずれの信号の縦緩和時間に対しても10倍以上となるから十分である（「4.2.1-1)パルス繰返し時間」を参照）．

なお，目標とする分析値の不確かさに応じて，繰返し待ち時間を設定することを検討してもよい．例えば十分なSN比が得られず，良好な繰返し測定を実現することが困難である場合には，信号面積のかたよりを無視できる範囲で繰返し待ち時間を短く設定し，積算回数を増やしてもよい．

7) ^{13}C サテライトに重なる不純物の確認

^{1}H NMRでは，^{12}C核に結合した^{1}H核の信号に加えて，その信号の両側に^{13}C核と結合して分裂した約0.55 %の信号強度となる^{1}H核（^{13}Cサテライト）の信号が現れる．^{13}Cサテライトの信号は，純度評価に用いる信号の一部であるから，信号面積にはこれを含める必要がある．しかし，純度評価に用いる信

号における ^{13}C サテライトの信号に不純物の信号が重なると信号面積が過大評価されるので，注意したい．そこで，純度評価に用いる信号面積を正しく評価（「2.3.4-3）d. 不純物の信号面積の評価」を参照）するためには ^{13}C デカップルを行い，^{13}C サテライトの信号に不純物の信号の重なりが認められるか否かを確認することを推奨する．不純物の信号の重なりが認められた場合，目標とする分析値の不確かさ（例えば1％程度）によっては本試験において ^{13}C デカップルを行って不純物の信号を適切に減算する必要がある（「2.3.4-3）d. 不純物の信号面積の評価」を参照）．

具体的には，^{13}C デカップルした NMR スペクトルと ^{13}C デカップルしてない NMR スペクトルを比較し，純度評価に用いる信号における ^{13}C サテライトの信号に，不純物の信号の重なりが認められるか否かを確認する．なお，^{13}C デカップルの照射効率が悪いために残る ^{13}C サテライトの信号と不純物の信号を区別することが難しい場合は，^{13}C デカップルの照射中心を変化させた測定を行って確認する方法が有効である．図 2.13 に示す NMR スペクトルでは，

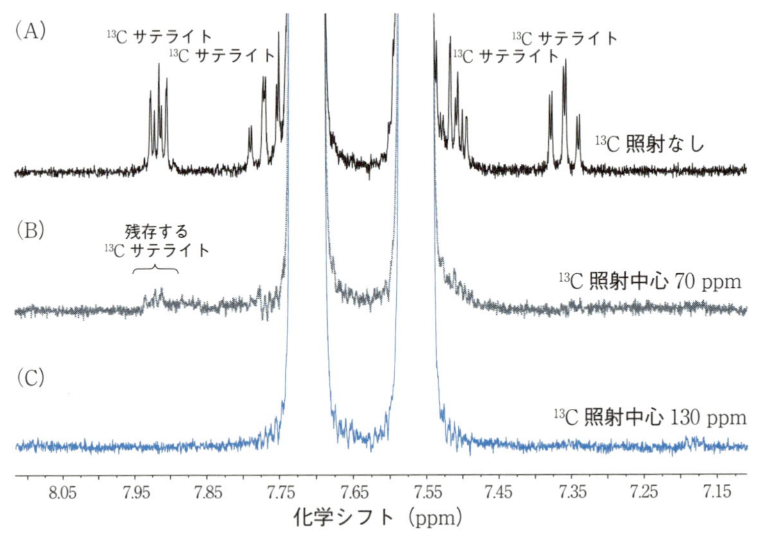

図 2.13　^{13}C デカップルの照射中心を変化させて得られたスペクトルの例
定量用基準物質として用いることができるフタル酸水素カリウムの重水溶液のスペクトルを示す．(A)は ^{13}C 照射なし，(B)は ^{13}C 照射中心が 70 ppm，(C)は ^{13}C 照射中心が 130 ppm である場合をそれぞれ示す．

^{13}C デカップルの照射中心を 70 ppm とした場合に，7.95 ppm 付近に認められる信号が不純物であるのか ^{13}C サテライトであるのか判断できない．そこで，^{13}C デカップルの照射中心を例えば 130 ppm とすると，当該信号が認められないことから，^{13}C デカップルの照射中心を 70 ppm とした場合に 7.95 ppm 付近に認められる信号は，^{13}C サテライトの信号であると判断できる．

2.3.4 本試験

本試験では，試験者の調製操作の不確かさを評価するために少なくとも試験方法の設定時においては，複数個の試料溶液を調製することを推奨する．なお，ウルトラミクロ天びん（「4.1.3 精確なはかり取りの基礎」を参照）を用いた場合を例として以下述べる．

1）試料溶液の調製

a. 実験器具の選定

主な実験器具としては，分析試料ならびに標準物質を採取するための

① 風袋
② スパーテル
③ ピンセット
④ 試料溶液を調製するための容器
⑤ 試料溶液を分取するための器具および NMR 管

がある（図 2.14）．

①の選定においては，繰返し性がよくなり精密なはかり取りが可能となるため，採取量に対して可能な限り小さな質量を持つ風袋を選ぶとよい．例えば，アルミニウム製の風袋は大小さまざまな質量の風袋を入手可能であり，かつ帯電もしにくいため扱いやすい．②の選定においては，分析試料および標準物質の性状（固体あるいは液体，液体の場合は粘性など）に合わせて，ミクロスパーテルのほか，パスツールピペット，毛細管，ガスタイトシリンジなどから

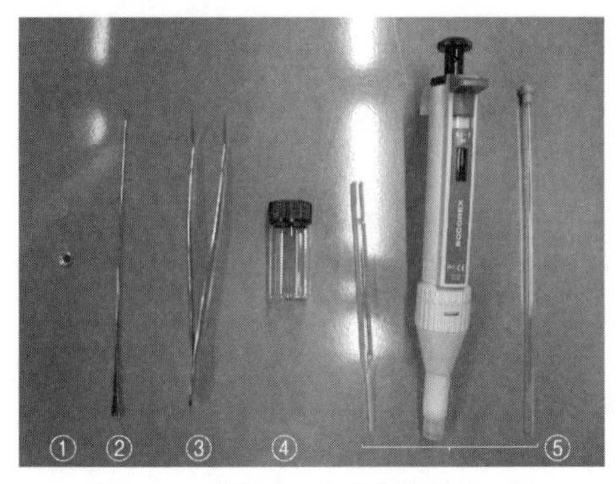

図 2.14　使用する主な実験器具の例

図中の①～⑤は本文中のものと対応しており，①風袋，②スパーテル，③ピンセット，④試料溶液を調製するための容器，⑤試料溶液を分取するための器具および NMR 管である．

適切なものを選ぶ．なお，実験器具や分析試料および標準物質によっては帯電しやすいものがあり，帯電した状態で精密なはかり取りを行うことは難しいため，除電装置（イオナイザー）を使用することを推奨する．また，溶媒などによって実験器具の腐食や溶解がない材質の器具を用いるとよい．

b. はかり取りと調製

b-1　はかり取りを開始する前の留意事項

分析試料および標準物質のはかり取りにおいては，それらの質量変動に十分に注意してはかり取りを行う．このとき，質量が減少あるいは増加していく傾向が認められる場合は，はかり取り操作を工夫することを推奨する．例えば，分析試料が昇華性を持ち質量が減少していく場合は，はかり取りを行った後，速やかに溶液調製を行うなどの操作を検討する．また，昇華性を持ち質量が減少するものをはかり取る場合には低温環境，吸湿性を持ち質量が増加するものをはかり取る場合には低湿度環境をそれぞれ実現できるチャンバーなどを導入し，その中で一連のはかり取り操作を行ってもよい（図 2.15）．

b-2　風袋の質量のはかり取り

分析試料ならびに標準物質ごとに，風袋を別々に用意する．風袋をピンセットで慎重につかみ，天びんの計量皿へ乗せ，表示値が安定した後，計量皿から

図 2.15　恒温恒湿チャンバー

例えば，高い昇華性を持つ分析試料などのはかり取りの際，低温環境を実現できる．

風袋を降ろす．このとき，風袋の質量の再現性を確認するために風袋の上げ降ろし操作を複数回行うことを推奨する．さらに，表示値が 0 に戻ること（ゼロ戻り）も確認することが望ましい．ゼロ戻りしない場合は，天びんが設置されている環境要因（温湿度，気圧など），あるいは静電気の影響で質量が精密にはかり取れていない可能性が考えられる．静電気の影響と思われる場合には，風防内や風袋の静電気を適切に除去する操作が有効である（図 2.16）．また，計量皿から風袋を降ろす際に計量皿へ過度な負荷を与えると，ゼロ戻りしない場合があるため十分に注意する．

図 2.16　風防内を除電する様子

ハンディタイプのイオナイザーを用いると，風防内を除電しやすい．

b-3　分析試料ならびに標準物質の採取

別々に精密にはかり取った風袋ごとに，分析試料ならびに標準物質に関して

「2.3.3-2)採取量および溶媒量の決定」において定めた量をそれぞれ採取し，b-2と同様の手順でそれぞれ精密に質量をはかり取る．このとき，質量変動の有無を確認するために，分析試料ならびに標準物質を別々に採取したそれぞれの風袋を計量皿に静置させた状態で表示値を一定時間確認するとよい．分析試料ならびに標準物質を別々に採取した後，予期せぬ質量の損失を防ぐために，これらを風袋ごと同一の容器へ入れる．

b-4　溶媒の添加

分析試料ならびに標準物質を別々に採取したそれぞれの風袋を入れた容器へ，「2.3.3-2)採取量および溶媒量の決定」において定めた量の溶媒を添加する．分析試料ならびに標準物質のいずれもが完全に溶解したことを確認した後，適量採取してNMR管に分注する．

2)　定量測定

定量測定の条件における繰返し測定の不確かさを評価するために，少なくとも試験方法の設定時においては測定を複数回行うことを推奨する．なお，純度評価に用いる信号の積分範囲内に不純物が認められる場合は，NMR管をスピンさせて測定を行うと不純物の信号にスピニングサイドバンドが重なる場合があるため，NMR管はスピンさせずに測定を行うことが望ましい（表2.2参照）．測定温度の変更などによりNMR管をスピンさせて測定を行う必要がある場合には，回転数を変えて測定を行うことでスピニングサイドバンドの化学シフトを変化させ，不純物の信号とスピニングサイドバンドを区別することができる場合が多い．

3)　スペクトルの解析

NMRスペクトルの解析の際に行う不適切な位相の補正や積分範囲の設定およびベースラインの補正は，信号面積の精確さを損なうことになるので注意が必要である（「4.2.2 データの精確さに影響を及ぼすデータ処理」を参照）．また，不純物の信号が純度評価に用いる信号の積分範囲内に認められる場合，純度評価に用いる信号面積から不純物の信号面積を取り除くことを推奨する．なお，窓関数などによりFIDを加工すると，信号面積の精確さを損なう可能性があるため，精確さを検証している場合を除いてFIDの加工は行わないことが望ましい．

a. 位相の補正

適切に位相を補正するためには，NMRスペクトルの縦軸を十分に拡大したうえで，目視で適切に設定することを推奨する（図2.17）．なお，自動で位相を補正する場合には，あらかじめ手動による位相の補正方法をもってその妥当性を確認したうえで行うことが望ましい．

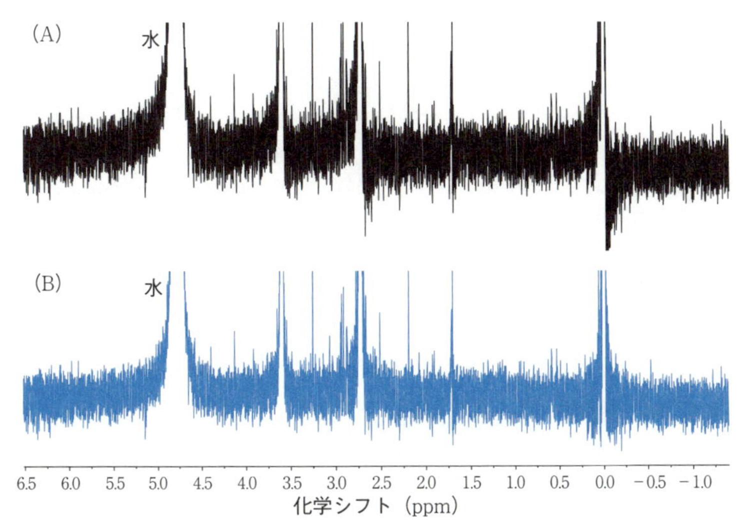

図2.17　位相の補正におけるよい例および悪い例を示すスペクトル

分析対象成分がサルコシン，定量用基準物質がDSS-d_6である場合の重水溶液のスペクトルを示す．(A)は位相の補正における悪い例を，(B)は位相の補正におけるよい例をそれぞれ示す．

b. 積分範囲の設定

「2.3.3-7) ^{13}Cサテライトに重なる不純物の確認」で述べたように，信号面積を正しく評価するためには^{13}Cサテライトの信号を忘れることなく積分範囲に含める必要がある．

具体的には，^{13}Cデカップルの有無にかかわらず^{13}Cサテライトの信号を基準

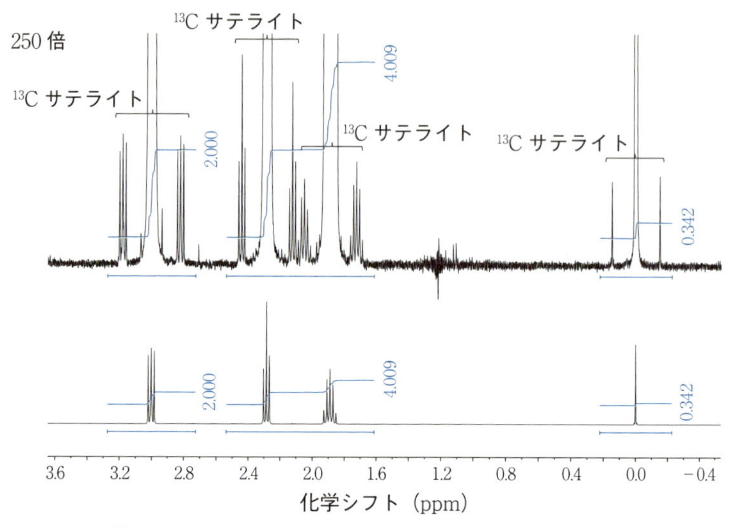

図 2.18　^{13}C サテライトの信号を基準に積分範囲を設定したスペクトルの例

分析対象成分がアミノ酸類の 4-アミノ酪酸，定量用基準物質が DSS-d_6 である場合の重水溶液のスペクトルを示す．分析対象成分および定量用基準物質の信号が観測される化学シフト域を示し，また縦軸を約 250 倍に拡大して示した．積分範囲は ^{13}C サテライトの信号から外側約 30 Hz とした．

として積分範囲を変えて，信号面積がおおむね一定となる範囲を設定することを推奨する．例えば，**図 2.18** に示す NMR スペクトルの場合では，^{13}C サテライトの信号の外側約 30 Hz までを積分範囲として設定すれば十分であった．なお，図 2.18 に示す NMR スペクトルの 1.9 ppm 付近および 2.3 ppm 付近に認められる 2 つの信号のように，ここで設定した積分範囲同士が重なる場合にはこれら複数の信号からなる積分範囲を適宜設定したうえで用いるとよい．

c.　ベースラインの補正

「2.3.4-3) b. 積分範囲の設定」に従って積分範囲を設定することで信号面積が得られるが，それぞれの信号面積を正しく評価するには，積分範囲の両端において，スペクトルのノイズレベルの中央付近を結ぶ直線がベースラインとして設定されていることが重要である．**図 2.19**(A)に示すスペクトルのように，ベースラインの補正を行っていないスペクトルであっても，一見するとノイズレベルは平坦であるように見える．しかしながら，スペクトルの縦軸を拡大し

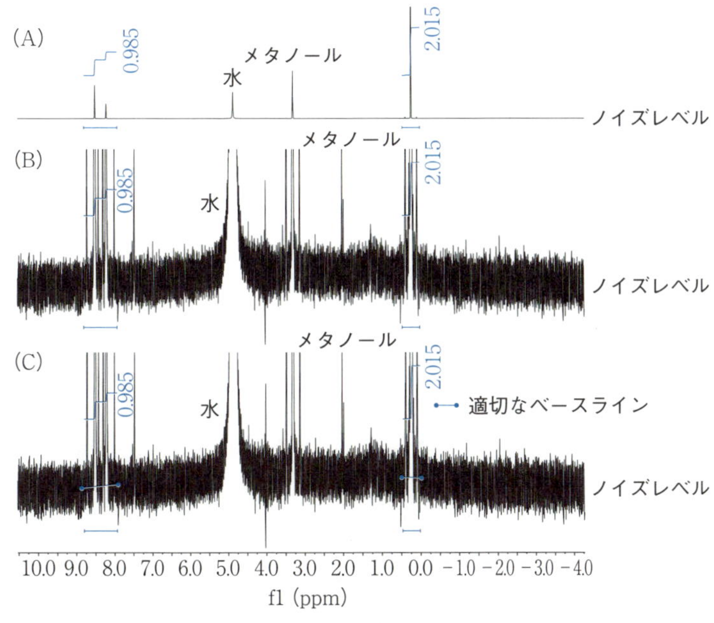

図 2.19　適切なベースライン補正の例を示したスペクトル

分析対象成分が 1,4-BTMSB-d_4，定量用基準物質が 3,5-(ビストリフルオロメチル) 安息香酸である場合のメタノール-d_4 溶液のスペクトルを示す．定量用基準物質の信号の積分範囲は，8.0 ppm～9.0 ppm で認められる 2 つの信号からなる．

て確認すると，図 2.19(B)に示すようにノイズレベルは平坦ではなく，化学シフトによって異なる高さであることがわかる．したがって，純度評価に用いる信号面積を正しく評価するためには，設定した積分範囲ごとにノイズレベルと一致するよう適切にベースラインを補正する必要がある．

具体的には，図 2.19(C)に示すように，設定した積分範囲ごとにその両端のノイズレベルの中央付近をベースラインのポイントとして（積分範囲の内側にポイントを置かないこと)，直線のアルゴリズムでポイント間を結びベースラインとする．なお，積分範囲を設定すると自動的にその両端のポイント間を結ぶ直線がベースラインとして設定される解析ソフトウェアでは，それぞれのポイントがノイズレベルの中央付近であることが確認できれば，ベースラインの補正を省略できる．

d. 不純物の信号面積の評価

純度評価に用いる信号の積分範囲内において不純物の信号が認められる場合は，その不純物の信号面積を純度評価に用いる信号面積から減算することを推奨する．なお，不純物の信号面積を得る際には，NMR スペクトル上において適切と思われる範囲を積分範囲として目視で設定するのでおおむね問題なく，「2.3.4-3）c. ベースラインの補正」において述べた方法をもってベースラインを適切に補正することを推奨する（図 2.20）．

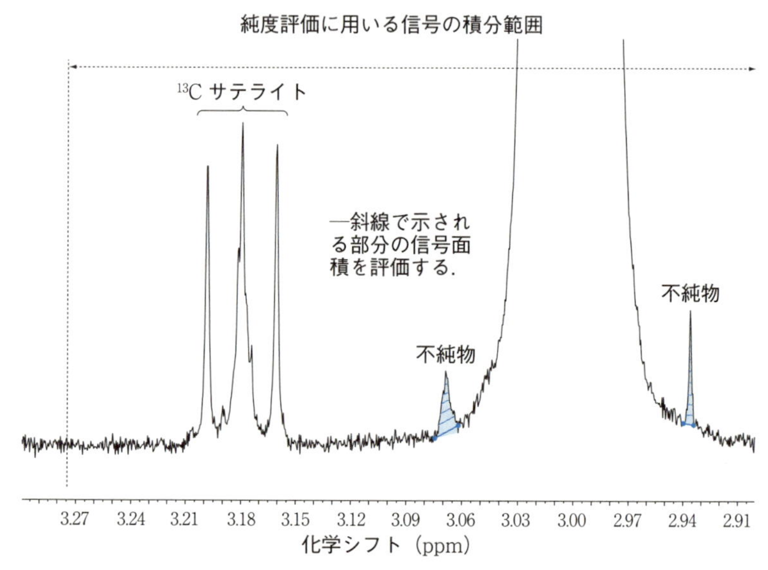

図 2.20　不純物の信号面積を適切に評価した例を示すスペクトル

図 2.18 におけるスペクトルの 3.0 ppm 付近を拡大した．分析対象成分の信号の積分範囲内に，不純物の信号が 2.95 ppm 付近および 3.05 ppm 付近でそれぞれ認められる．不純物の信号面積として，青線で囲んだ部分を適切に評価することが推奨される．

4）純度の算出

スペクトルの解析で得られる分析対象成分と定量用基準物質の信号面積を用いて，式（2.7）（式（1.2）再掲）から分析対象成分の純度を算出する．

$$P_{\mathrm{A}} = \left(\frac{H_{\mathrm{R}}}{H_{\mathrm{A}}}\right)\left(\frac{I_{\mathrm{A}}}{I_{\mathrm{R}}}\right)\left(\frac{M_{\mathrm{A}}}{M_{\mathrm{R}}}\right)\left(\frac{W_{\mathrm{RM}}}{W_{\mathrm{AS}}}\right)P_{\mathrm{R}} \tag{2.7}$$

ここで，式中における P は純度，I は信号面積，H は信号面積に寄与する ^{1}H 核の個数，W ははかり取った質量，M はモル質量をそれぞれ示し，添え字の AS は分析試料，A は分析対象成分，RM は標準物質，R は定量用基準物質をそれぞれ示す．

分析対象成分の信号が複数ある場合は，信号間で純度を比較することを推奨する．具体的には，それぞれの信号において繰返し測定から得られる標準偏差を求め，これを 2 倍した範囲で純度の上限値と下限値を規定したとき（正規分布であれば約 95 % の信頼の水準を持つと推定される区間に相当），複数の信号から得られる純度が規定の範囲内で重なれば，いずれの信号も妥当な値を示していると考えておおむね問題ないため，それらの相加平均を分析対象成分の測定値としてよい．一方，複数の信号のうち規定の範囲内で重ならず，図 2.21 で示す信号 4 のように純度が有意に高い信号がある場合は，NMR スペクトル上では分離できない不純物の信号が分析対象成分の信号に重なっている場合がある．また，いずれかの信号における純度が有意に低い場合は，隣接する信号の影響などにより信号面積を過小評価している場合もある．そのため，このような場合には純度が有意に高いあるいは低い信号を使用するかどうかを検討することが望ましい（「4.3.1 信号選択」を参照）．

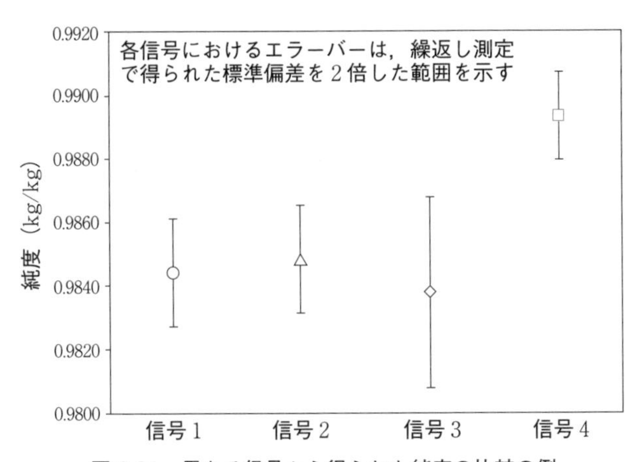

図 2.21　異なる信号から得られた純度の比較の例

 結果の確認

最後に，「2.3.1 目標の設定」において定めた目標が達成できたか否かを確認する．

具体的には，主要な要因における不確かさとして，式 (2.7) における分析対象成分の純度 P_A に関わる

① 繰返し測定から得られる純度 P_A の不確かさ
② 複数の信号から得られる純度 P_A の不確かさ
③ 複数の試料調製から得られる純度 P_A の不確かさ

をそれぞれ算出した後，式 (2.7) における

④ 定量用基準物質の純度 P_R の不確かさ

を可能であれば評価し，それぞれが目標とする分析値の不確かさの4分の1未満となることを確認すればよい．なお，「2.3.1 目標の設定」において定めた目標が達成できたか否かをより正しく確認したい場合は，式 (2.7) における各要因における不確かさをそれぞれ評価し，それらを積み上げる（合成する）必要がある．これら不確かさの評価方法については，「4.3.3 不確かさの見積もり」を参照してほしい．

1) 主要な要因における不確かさの算出

試料調製を3回，繰返し測定をそれぞれ3回行った後，得られた各 NMR スペクトルの解析において分析対象成分の信号を3個用いて純度算出を行った場合を例に，主要な要因における不確かさの算出方法を述べる．

a. 繰返し測定から得られる純度の不確かさ

表 2.3 に，繰返し測定から得られる純度の不確かさを算出するための計算表の例を示す．

特定の試料溶液における特定の信号に着目し，測定ごとの純度から着目した

表 2.3　繰返し測定から得られる純度の不確かさを算出するための計算表の例

		測定 1	測定 2	測定 3	各信号	
					平均純度（kg/kg）	相対標準偏差（%）
試料溶液 1	信号 1	0.9955	0.9913	0.9953	0.9940	A　0.2363
	信号 2	0.9990	0.9963	0.9982	0.9978	0.1400
	信号 3	0.9930	0.9939	0.9960	0.9943	0.1553
試料溶液 2	信号 1	0.9938	0.9975	0.9951	0.9955	0.1877
	信号 2	0.9950	0.9964	0.9948	0.9954	0.0856
	信号 3	0.9943	0.9929	0.9936	0.9936	0.0700
試料溶液 3	信号 1	0.9977	1.0003	0.9980	0.9986	0.1442
	信号 2	1.0000	1.0008	1.0009	1.0006	0.0474
	信号 3	0.9987	0.9996	1.0011	0.9998	0.1197

分析対象成分が殺虫剤成分であるカルボフラン，定量用基準物質が 1,4-BTMSB-d_4 である場合の純度算出の結果（一部改変）を示す．分析試料約 10 mg，標準物質約 1.5 mg をそれぞれ目標採取量として，ウルトラミクロ天びんを用いてはかり取りを行った．なお，風袋には質量が約 20 mg のアルミニウム製のものを用いた．

信号の平均純度を求め，その相対標準偏差を算出する．すなわち，表 2.3 の場合では，過小評価を避けるために最も大きな値を示す相対標準偏差を採用すると，試料溶液 1 における信号 1 の平均純度の相対標準偏差の値（セル A）であり，

$$相対標準偏差 \fallingdotseq 0.24\ (\%)$$

となる．なお，得られた相対標準偏差は，測定を 1 回だけ行った場合に得られる純度の相対不確かさ（以下，測定の不確かさ）に相当する．

b. 複数の信号から得られる純度の不確かさ

表 2.4 に，複数の信号から得られる純度の不確かさを算出するための計算表の例を示す．なお，表中における各信号の平均純度は表 2.3 で求めた値である．

特定の試料溶液に着目し，信号ごとの平均純度から着目した試料溶液の平均純度を求め，その相対標準偏差を算出する．すなわち，表 2.4 の場合では，過小評価を避けるために最も大きな値を示す相対標準偏差を採用すると，試料溶

表2.4　複数の信号から得られる純度の不確かさを算出するための計算表の例

		各信号	各試料溶液	
		平均純度（kg/kg）	平均純度（kg/kg）	相対標準偏差（%）
試料溶液1	信号1	0.9940	0.9954	B 0.2125
	信号2	0.9978		
	信号3	0.9943		
試料溶液2	信号1	0.9955	0.9948	0.1058
	信号2	0.9954		
	信号3	0.9936		
試料溶液3	信号1	0.9986	0.9997	0.0962
	信号2	1.0006		
	信号3	0.9998		

液1の平均純度の相対標準偏差の値（セルB）であり，

相対標準偏差 ≒ 0.21（%）

となる．なお，得られた相対標準偏差は，特定の信号から得られる純度の相対不確かさ（以下，信号の不確かさ）に相当する．

c. 複数の試料調製から得られる純度の不確かさ

表2.5に，複数の試料調製から得られる純度の不確かさを算出するための計算表の例を示す．なお，表中における各試料溶液の平均純度は表2.4で求めた値である．

試料溶液ごとの平均純度から全試料溶液の平均純度を求め，その相対標準偏

表2.5　複数の試料調製から得られる純度の不確かさを算出するための計算表の例

	各試料溶液	全試料溶液	
	平均純度（kg/kg）	平均純度（kg/kg）	相対標準偏差（%）
試料溶液1	0.9954	0.9966	C 0.2663
試料溶液2	0.9948		
試料溶液3	0.9997		

差を算出する．すなわち，表 2.5 の場合では，セル C であり，

$$相対標準偏差 \fallingdotseq 0.27\ (\%)$$

となる．なお，得られた相対標準偏差は，試料溶液の調製を 1 回だけ行った場合に得られる純度の相対不確かさ（以下，調製の不確かさ）に相当する．

d. 定量用基準物質の純度の不確かさ

定量用基準物質として用いた標準物質の認証書に記載される認証値の不確かさを参照する．標準物質の認証書に併記されている包含係数で割って不確かさとする．すなわち，表 2.3 で示した測定例の場合では，定量用基準物質として用いた標準物質（1,4-BTMSB-d_4）における認証書の包含係数 k が $k = 2$ であったので，純度の不確かさは認証書に記載されている認証値の不確かさである 0.0030 kg/kg を 2 で割り，

$$\begin{aligned}不確かさ &= \frac{認証値の不確かさ}{2}\\ &= \frac{0.0030}{2}\\ &= 0.0015\ (\mathrm{kg/kg})\end{aligned}$$

となる．得られた不確かさを定量用基準物質として用いた標準物質の認証値で割ることで相対不確かさ（以下，定量用基準物質の不確かさ）とする．すなわち，表 2.3 で示した測定例の場合では，求めた不確かさを定量用基準物質として用いた標準物質（1,4-BTMSB-d_4）の認証値である 0.9980 kg/kg で割り，

$$\begin{aligned}相対不確かさ &= \frac{不確かさ}{認証値} \times 100\\ &= \frac{0.0015}{0.9980} \times 100\\ &\fallingdotseq 0.15\ (\%)\end{aligned}$$

となる．

2)　目標が達成できたか否かの確認

「2.3.1 目標の設定」において定めた目標とする分析値の不確かさに対して，a～dの値がそれぞれ４分の１未満となれば，目標は達成できたと言える．すなわち，**表 2.6** に示すように，表 2.3 で示した測定例の場合では「2.3.1 目標の設定」において例として定めた値（1％）を目標とする分析値の不確かさとすると，cの値がその４分の１の値である 0.25％をわずかに超える結果となった．そこで，このような場合にはその値の算出に関わる実験操作（表 2.3 で示した測定例の場合では試料調製）などを振り返ったうえで改善することを推奨する．なお，本項で述べた不確かさ評価方法は，実験結果から相対標準偏差を算出するだけで「2.3.1 目標の設定」において定めた目標が達成できたか否かを簡単に確認することができる方法である．本法は「4.3.3 不確かさの見積もり」で述べる，より正しい不確かさ評価方法に比べて，厳密な評価をしていない代わりにやや厳しい判断基準となっている方法であるため，AQARI の第一歩として分析値の信頼性確保に十分に活用できる．

表 2.6　目標が達成できたか否かの確認表の例

目標とする分析値の不確かさ	1％	合否判定
(a)　測定の不確かさ	0.24％	○
(b)　信号の不確かさ	0.21％	○
(c)　調製の不確かさ	0.27％	△
(d)　定量用基準物質の不確かさ	0.15％	○

判定基準：目標とする分析値の不確かさの４分の１未満

◆◆◆◆文献

[1]　NMR Solvents Data Chart and Storage and Handling Information, www.isotope.com/applications/subapplication.cfm?sid=Deuterated%20NMR%20Solvents_18（最終アクセス/2015 年 4 月 15 日）
[2]　第十六改正日本薬局方第二追補（平成 26 年 2 月 28 日，厚生労働省告示第 47 号）
[3]　竹内敬人，加藤敏代：『よくある質問 NMR の基本』講談社（2012）
[4]　竹内敬人, 角屋和水, 加藤敏代：『初歩から学ぶ NMR の基礎と応用』朝倉書店（2005）
[5]　JEOL ユーザーズミーティング資料：「NM177 NMR 基礎講座見直そう一次元パラメータ」（2009）

第3章 外標準法

3.1 外標準法とは

外標準法とは，標準物質を試料溶液に混合することなく定量する方法である．すなわち，試料溶液に定量用基準物質からなる標準物質を添加せずに測定する方法で，標準物質の添加によるコンタミネーションが避けられる点や分析試料が回収できる点などが外標準法の大きなメリットであると言える．外標準法の基本的な操作や NMR 測定パラメータは，特に断りがない限り内標準法と同じと考えてよいので，実際にここで示す手法を用いる場合は前章を参照していただきたい．

3.1.1 代表的な外標準法

外標準法としてさまざまな手法が提案されている．これまでに提案されている手法は定量分析を行う際に何を基準信号として用いるかという点で分類できる．**表 3.1** にはその代表的な手法を示したが，この他にも ARISI（Amplitude-corrected referencing through signal injection），PIG（Pulse into gradient），aSICCO（Artificial signal insertion for calculation of concentration observed）といった手法が考案されている．ここでは，表 3.1 に示した代表的な手法について紹介する．

表3.1　外標準法と使用する基準信号の種類

名称	基準信号
PULCON (Pulse length based concentration determination)	NMR 信号
QUANTAS (Quantification by an artificial signal)	人工信号
ERETIC (Electronic reference to access in vivo concentrations)	電気信号
2重管法	NMR 信号

1)　PULCON[1-4]

PULCONは，相反定理（二つのものを入れかえても同等であることを示す定理）を利用した手法である．わかり難いので言い換えると，異なる溶液の二つのNMRスペクトル間の信号面積にも相関関係が成り立つことを利用して定量する方法である．元々は，タンパク質などの高分子の定量分析のために開発されたものであるが，低分子の定量にも用いられ始めている．

PULCONでは，濃度既知の定量用基準物質を含む標準溶液と分析対象成分を含む試料溶液をそれぞれ別に測定してNMR信号面積を比較する．内標準法と異なり，二つのスペクトル間の比較なので装置や測定条件の差を補正する必要がある．このため，式（3.1）のように内標準法の式に補正項を加えた式に従って計算を行うこととされている．すなわち，予備実験を行い補正項が求められていれば，PULCONにより定量値が簡単に得られる．例えば，二つのスペクトルが同じ装置でまったく同じ測定条件で測定されていれば，f（装置の違いを補正する装置ファクター）は1，さらに分析対象成分と定量用基準物質のNMR信号の360°パルス幅，また測定時の積算回数，測定温度およびレシーバーゲインが同じであれば，補正項は1となり無視できる．一方，装置や測定条件などが異なる場合は，fは未知であり，別に予備試験を行って正しい補正項を設定しなければならない．

次項にPULCONの詳しい実験操作を示したので参照してほしい．

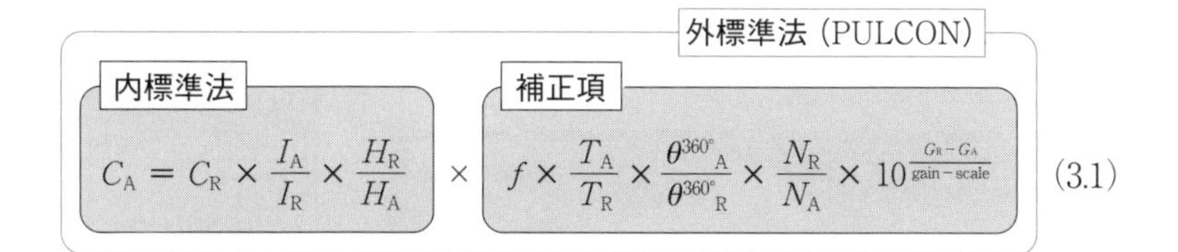

$$C_A = C_R \times \frac{I_A}{I_R} \times \frac{H_R}{H_A} \times f \times \frac{T_A}{T_R} \times \frac{\theta^{360°}{}_A}{\theta^{360°}{}_R} \times \frac{N_R}{N_A} \times 10^{\frac{G_R - G_A}{\text{gain}-\text{scale}}} \quad (3.1)$$

C：モル濃度，I：信号面積，H：プロトン数，f：ファクター，T：温度［K］，$\theta^{360°}$：360°パルス幅，N：積算回数，G：レシーバーゲイン，R = 定量用基準物質，A = 分析対象成分．

2) QUANTAS [3]

QUANTAS は，分析試料を溶かした試料溶液のスペクトル上に人工信号を解析ソフトウェアで後から挿入して，これを基準信号として分析試料中の分析対象成分を定量する手法である．基準信号とする人工信号には濃度情報が含まれている必要があるため，濃度既知の定量用基準物質を含む標準溶液について qNMR スペクトルを得た後，解析ソフトウェア上で定量用基準物質の NMR 信号をリファレンスとして，形と位置を指定した人工信号を新しく作成する．次に，新しく作成した人工信号を別に測定した試料溶液の qNMR スペクトルに解析ソフトウェア上で挿入し，この人工信号を濃度基準にして分析対象成分の定量分析を行う方法である．PULCON が標準溶液と試料溶液の二つのスペクトル上の NMR 信号から定量値を求めるのに対して，QUANTAS は標準溶液のスペクトル上で作成した人工信号を試料溶液のスペクトル上に差し込んで，見た目上，試料溶液のスペクトル一つから定量値を求める．すなわち，QUANTAS は PULCON と同じ原理の相反定理を利用しているので，PULCON と同じように補正項を正しく設定しなくてはならない．**図 3.1** には，試料溶液のスペクトルに QUANTAS 人工信号を差し込んでいる例を示した．

3) ERETIC [3]

ERETIC は，分析試料を溶かした試料溶液について NMR 測定を行うとき，電気信号（ERETIC 信号）を同時に人工的に挿入して，これを基準信号として分析対象成分を定量する方法である．挿入された ERETIC 信号を濃度基準とす

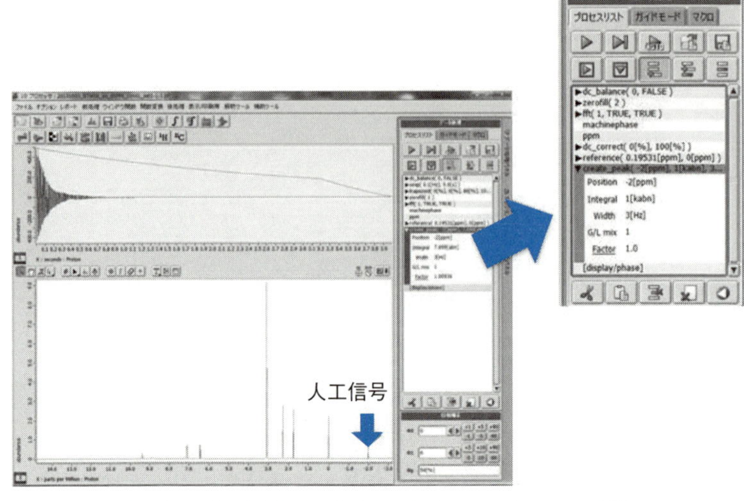

図 3.1　QUANTAS 人工信号（JEOL Delta V5.043 機能）
標準溶液で校正した QUANTAS 人工信号と同じものを試料溶液のスペクトルに差し込んでいる．

るので，濃度既知の標準溶液を用いて ERETIC 信号の強度の校正を行うとともに ERETIC 測定条件の設定が最初に必要である．次に，濃度未知の試料溶液を ERETIC 測定条件下で測定し，ERETIC 信号を基準にして分析対象成分の定量を行うこととなる．ERETIC の利点としては，スペクトル上の任意の化学シフト，すなわち，分析対象成分や不純物の信号が観察されない領域に電気信号を挿入することができることである．一方，ERETIC の欠点としては，測定上，チューニング操作が不可欠であることだけでなく，人工的な ERETIC 信号を打ち込みながら NMR 測定を行うので ERETIC 信号と分析対象成分の信号の違いからスペクトルの位相が合いにくいことなど，測定条件を一定に保っても，ERETIC 信号の強度に再現性が得にくく，精確な定量値が得られにくいことが挙げられる．

ERETIC の例を**図 3.2** に示した．4.06 mmol/L TMA（trimethylamine hydrochloride）標準溶液について一定の ERETIC 信号を打ち込みながら測定を行うと，フーリエ変換した標準溶液の NMR スペクトル上に ERETIC 信号が観察される．この ERETIC 信号と TMA の三つのメチル基の信号面積比と濃度の

（例）　測定：JNM-ECX400
4.06 mmol/L TMA（trimathylamine hydrochloride）

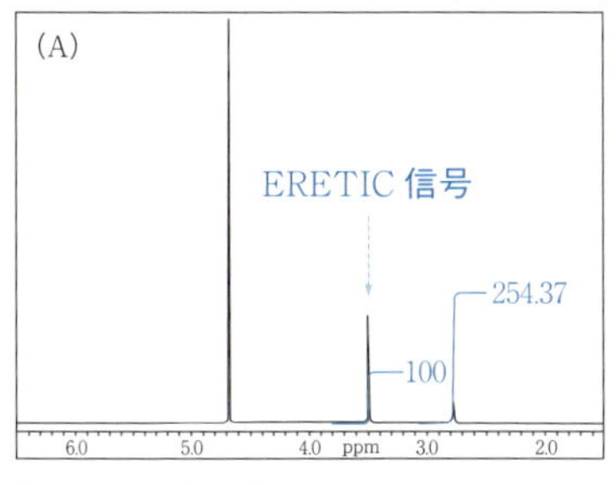

[ERETIC] = [REF] A_{ERETIC}/A_{REF}
= 4.06 mmol/L・100/254.37
= 1.06 mmol/L

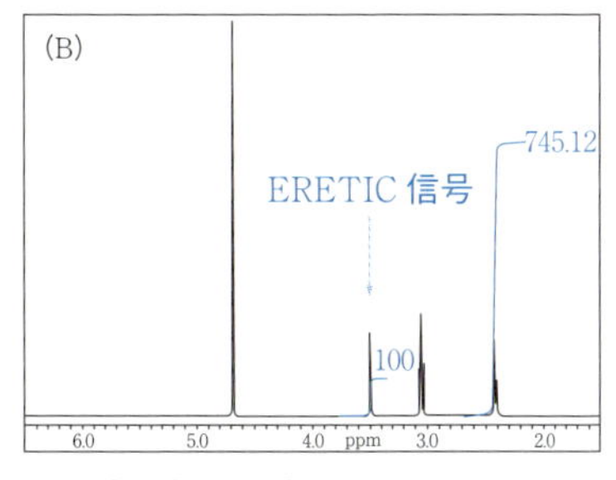

[Comp] = k [ERETIC] A_{Comp}/A_{ERETIC}
= 4.5・1.60 mmol/L・745.12/100
= 53.65 mmol/L
ここで，k はプロトンの数比

図 3.2　ERETIC 信号を人工的に挿入した NMR スペクトル
分析操作：①濃度既知の標準溶液を測定して ERETIC 信号の校正をする(A)．
②濃度未知の試料溶液を測定して，ERETIC 信号（①の操作で校正した同じ信号）を基準として試料溶液中の分析対象成分の濃度を求める(B)．

関係から差し込まれた ERETIC 信号に濃度情報を付与する．次に，同条件で ERETIC 信号を打ち込みながらグリシンの試料溶液の測定を行うとき，試料溶液の NMR スペクトル上には標準溶液の場合と同じ ERETIC 信号が差し込まれる．試料溶液の ERETIC 信号には濃度情報があらかじめ与えられているので，TMA の三つのメチル基とグリシンのメチレン基のプロトン数比 $k = 9/2 = 4.5$ の関係と ERETIC 信号とグリシンのメチレン基の信号面積比 $A_{comp}/A_{ERETIC} = 745.12/100$ から，試料溶液中のグリシンの濃度が求められる．

4)　2 重管法 [3]

2 重管法は，内径の異なる 2 種類の NMR 試験管を内管・外管として構成された同軸 2 重管を使う手法である[†9]．通常は内管に基準信号となる濃度既知の定量用基準物質を含む標準溶液，外管に濃度未知の分析対象成分を含む試料溶液を加えて NMR 測定を行う（**図 3.3**）．2 重管法の利点としては，標準物質と分析試料を別々の溶媒に溶かして測定するので両者の溶解性の違いや反応を考

†9　同軸 2 重管として同軸二重シゲミセル [5] がよく用いられる．

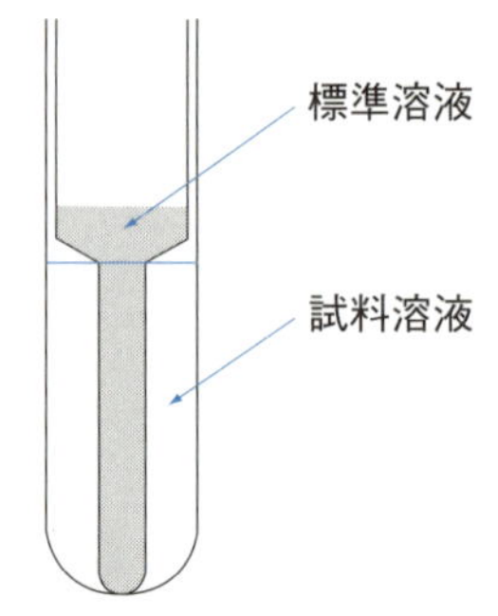

図 3.3 外標準法で利用される同軸2重管
内管：標準物質を溶かした標準溶液，外管：分析試料を溶かした試料溶液．

慮する必要がないことである．一方，2重管法の欠点としては，NMR 信号面積が体積に依存するため，式 (3.2) のように必ず試料溶液と標準溶液の体積を考慮する必要があるため，体積を精確に求めておかないと精確な定量値が得られないことである．

$$P_{\mathrm{A}} = \frac{I_{\mathrm{A}}}{I_{\mathrm{R}}} \times \frac{H_{\mathrm{R}}}{H_{\mathrm{A}}} \times \frac{W_{\mathrm{RM}}}{W_{\mathrm{AS}}} \times \frac{M_{\mathrm{A}}}{M_{\mathrm{R}}} \times \frac{V_{\mathrm{A}}}{V_{\mathrm{R}}} \times P_{\mathrm{R}} \tag{3.2}$$

P：純度 %，I：信号面積，H：プロトン数，W：質量，M：モル質量，V：体積，A：分析対象成分，R：定量用基準物質，AS：分析試料，RM：標準物質

3.2 フローチャート

2.2 節では，内標準法の手順を紹介したが，ここでは，外標準法の操作手順を紹介する．

3.1 節で外標準法の代表的なものとして，PULCON，QUANTAS，ERETIC および2重管法を示した．**図 3.4** と**図 3.5** には，これら外標準法は，内標準法とどこがどう違うのかわかるようにそれぞれの手法の調製操作，測定および解析の全体フローを並べてみた．

内標準法は，前項までに説明したように，分析試料と標準物質の両方を溶かした試料溶液について NMR 測定を行い，一つのスペクトル上に観察される分

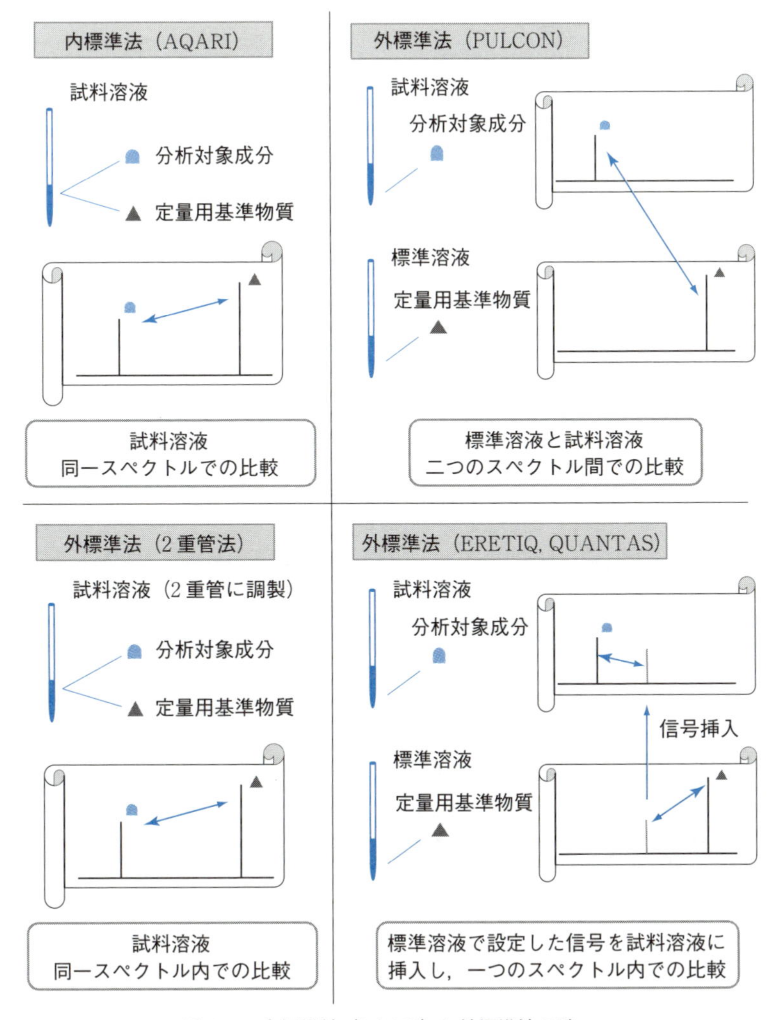

図 3.4　内標準法（AQARI）と外標準法の違い

析対象成分と定量用基準物質の信号面積比から分析試料中の分析対象成分の濃度や純度を求める方法である．一方，外標準法は，分析試料を溶かした試料溶液とは別に濃度基準となる濃度既知の定量用基準物質を含む標準溶液を準備して，両者のスペクトルの比較から，分析対象成分の濃度や純度を求める方法であり，試料調製の操作と解析の手順が内標準法とは根本的に異なるので手法ご

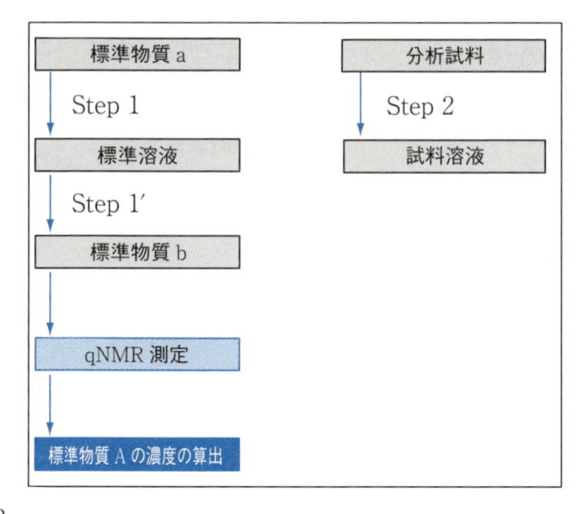

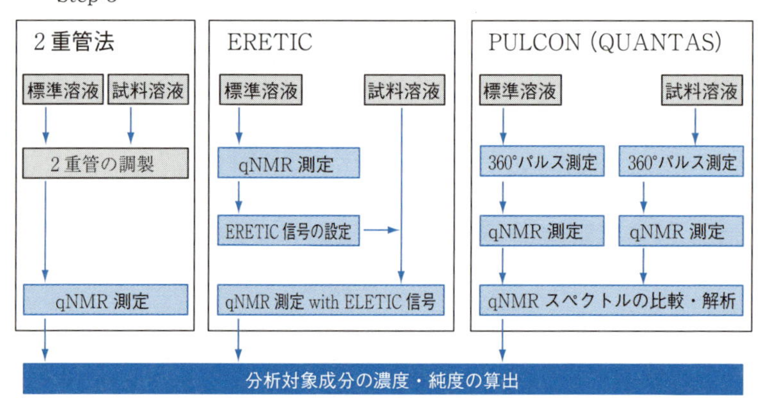

図3.5　外標準法（2重管法，ERETIC，PULCON（QUANTAS））の調製操作，分析対象成分の濃度・純度算出のフローチャート

とに整理してみる．

2重管法の場合は，標準溶液と試料溶液を2重管に入れたものを測定して得られた一つのスペクトル上に観察される分析対象成分と定量用基準物質の信号面積の比から分析対象物質の濃度や純度を定量するので，測定や解析操作は内標準法と同じであるが，試料溶液の調製が異なる．

PULCON，ERETIC，QUANTAS の場合は標準溶液と試料溶液を少なくとも一つずつ調製して別々に測定する必要がある．PULCON の場合は，標準溶液と試料溶液の二つのスペクトル上に観察される定量用基準物質と分析対象成分の信号面積を比較して定量値を求める．ERETIC と QUANTAS の場合は，標準溶液と試料溶液の二つのスペクトルを用意するところまでは PULCON と同じであるが，標準溶液で設定した濃度基準となる電気信号または人工信号を試料溶液のスペクトルに差し込んで，見た目上，一つのスペクトル上で解析処理を行う点が PULCON と異なる．

要するに，外標準法では，手法によってスペクトルの解析処理が異なるが，標準溶液と試料溶液の調製が必須であり，内標準法と比べると，試料溶液とは別に標準溶液を調製する作業が一つ多くなる．また，外標準法は，標準溶液中の濃度既知の定量用基準物質の信号を基準として試料溶液中の分析対象成分を定量するので，標準溶液中の定量用基準物質の濃度が精確に調製されていないと精確な定量値が求められない．これらが外標準法の欠点となるが，試料溶液に標準物質を添加しなくてもよいので，多数の分析対象成分の濃度や純度を迅速に測定する場合などには使い勝手がよい，標準物質が添加できない貴重な，あるいは微量しかないような分析試料にも対応できるなど，外標準法は内標準法にはない利点がある．なお，外標準法は内標準法よりも調製操作と解析処理が複雑になるため精確な定量値を得にくいが，各操作を慎重に行えば内標準法に若干及ばないとしても高い精確さが期待できる．

外標準法の操作手順は，標準溶液の調製，試料溶液の調製，NMR 測定の 3 ステップに大きく分けられる（図 3.5）．ただし，外標準法は，試料溶液とは別に用意した標準溶液中の定量用基準物質 a の濃度を基準として定量分析を行うので，標準溶液をストックしておくなど，定量用基準物質 a の濃度の変化を考慮しなくてはならない場合には，濃度校正を行う必要がある．このため，定量用基準物質 a の濃度校正のステップを Step 1′として示したので，必要に応じて実施していただきたい．

Step 1：標準溶液と試料溶液の調製

標準物質 a を精密にはかり取り正確に定容する．

[Step 1′：標準溶液中の定量用基準物質 a の濃度校正]

標準物質 a とは別の標準物質 b をはかり取り，一定量の標準溶液に溶かし，内標準法で標準溶液中の定量用基準物質aの濃度校正を行う．なお，標準溶液中の定量用基準物質aの濃度が既知，あるいは校正が必要のない濃度が値付けられた標準溶液を利用する場合は，Step 1′の操作を省いてもかまわない．

Step 2：試料溶液の調製

分析試料を精密にはかり取り正確に定容する．

Step 3：Step 1および2で調製した標準溶液と試料溶液の測定

ここから先は手法によって異なる．

2重管法の場合は，標準溶液と試料溶液を2重管に封入し測定する．ERETICの場合は，標準溶液を用いて濃度基準となる電気信号の設定を行い，その測定条件と完全に同じ条件で試料溶液を測定する．PULCONおよびQUANTASの場合は，標準溶液と試料溶液についてそれぞれの測定条件下での360°パルスを測定した後，両者を測定する（360°パルスを測定しなければならない理由は後で説明する）．

最近のNMRの測定・解析ソフトウェアには，ERETIC，PULCON，QUANTASなどの測定，解析機能が標準として追加されており，この内，PULCONとQUANTASは比較的簡単にできるようになっている．QUANTASはPULCONと原理的には同じであり，スペクトル上に人工信号を合成する操作が加わるだけなので，ここではPULCONの操作手順や解析の注意点などについて説明することとする．PULCONとQUANTAS以外の方法に興味があれば，それに関する論文やNMR装置メーカーからの情報を参考にしてもらいたい．

3.3 操作手順（PULCON）

前項で説明したステップ1～3の具体的な操作手順をここに示した．

1)　標準溶液の調製（Step 1）

標準物質 a を精密にはかり取り重溶媒を加えて定容する．メスフラスコや電動ピペッターなどを用いて重溶媒を加えて正確に定容する．

標準物質 a は，重溶媒中で安定なものが望ましい．標準溶液中の定量用基準物質と分析対象成分の信号面積の比から定量するので，基準とする信号の SN が 100〜1000 程度になるような濃度に調製する．

2)　標準溶液中の定量用基準物質の濃度校正（Step 1′）

標準物質 b を精密にはかり取り，1)で調製した標準溶液 1.0〜2.0 mL を正確に加えて溶かす．この液約 0.6 mL[†10] を NMR 試験管に速やかに移し替え，封入したものを標準物質 a の濃度校正液とする．濃度校正液を qNMR に供し，標準物質 a と標準物質 b に由来する信号面積，分子量，濃度などを式（3.3）に代入し，標準溶液中の標準物質 a に含まれる定量用基準物質の濃度（C_{Ra}）を校正する．

$$C_{\mathrm{Ra}} = \left(\frac{M_{\mathrm{Ra}} \times I_{\mathrm{Ra}}}{H_{\mathrm{Ra}}} \middle/ \frac{M_{\mathrm{Rb}} \times I_{\mathrm{Rb}}}{H_{\mathrm{Rb}} \times C_{\mathrm{Rb}}} \right) \times \frac{P_{\mathrm{Rb}}}{100} \tag{3.3}$$

ただし，Ra ＝ 標準物質 A，Rb ＝ 標準物質 B，C ＝ 濃度（mg/mL），M ＝ モル質量，I ＝ 特定基の信号面積，H ＝ 特定基のプロトン数，P ＝ 純度 %.

3)　試料溶液の調製（Step 2）

分析試料を精密にはかり取り重溶媒を加えて定容する．標準溶液中の標準物質 A と分析対象成分の信号面積比から定量値を求めるので，十分な精確さが得られるように分析対象成分の定量に用いるシグナルの SN が 100〜1000 程度になるように調製する．

4)　試料溶液中の分析対象成分の濃度（純度）測定（Step 3）

PULCON では，標準溶液と試料溶液の二つのスペクトルを比較して定量値

---

†10 0.6 mL を 5 mm NMR 試験管に入れたときその液高は約 4 cm になる．NMR 装置により測定に必要な液高は異なるので，液量と液高を調整すること．

を求める方法なので，標準溶液と試料溶液をNMR試験管に別々に封入したものを用意して測定する．このとき，標準溶液と試料溶液の測定条件由来の差違を補正する必要があり，3.1節で説明したようにPULCONの式の中には計算値を正しく導くための補正項が含まれている．すなわち，補正項が何を表しているのか理解しておかないとPULCONで正しい定量値が得られない．

補正項は，装置と測定条件の違いを補正するファクターf，測定温度，360°度パルス幅，積算回数，測定温度，レシーバーゲインから構成されている．このうち，温度，360°パルス幅，積算回数は標準溶液と試料溶液が分子と分母の関係になっており，また，レシーバーゲインでは10のべき乗の指数の項で引き算になっているので，標準溶液と試料溶液がまったく同じ測定条件で測定されていれば，fは1，補正項全体は1となる．すなわち，PULCONでは，標準溶液と試料溶液の測定条件が等しいときは，補正項は無視できる．（厳密には化合物ごとに360°パルス幅の値は微妙に異なるが，巨視的には無視できる範囲である．）

一方，標準溶液と試料溶液の測定条件が異なる場合には話が複雑となる．特に，溶媒，測定温度，塩濃度が異なる場合にパルス幅が変化することに注意しなくてはならない．^{1}H NMR測定では，一定のパルスをかけてFID信号を取り込み積算し，フーリエ変換してスペクトルにしている．（磁化がz軸から90°倒れてxy平面になるような照射を90°パルス，360°パルスとは磁化を360°回転するパルスである）すなわち，測定時のパルス幅が異なると信号の積分値も異なってしまう．これを補正するためにPULCONには補正項が必要とされている．また，補正項の中のファクターfは通常1と見なしてよいが，測定誤差（かたより）を補正するための係数なので，標準溶液と試料溶液の測定条件が異なるときにはファクターfの値を別に求めてその値を代入しないと得られた定量値はある程度の測定誤差を含むことになる．

要するに，PULCONで定量分析を行うとき，同じ条件で測定する場合と異なる条件で測定する場合では注意しなければならない点が異なるので，ここでは，話を簡単にするために，この二つを分けて実験操作を説明する．

なお，レシーバーゲインが異なった場合にも補正する必要があるが，NMR装置メーカーによってゲインスケールの扱いが異なるので，ここではレシーバーゲインは一定として説明することとする．レシーバーゲインを変えて測定する場合には，装置メーカーに確認してもらいたい．

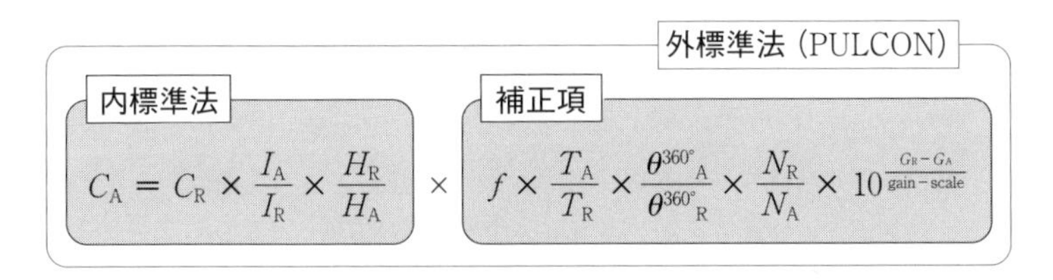

（3.1 再掲）

C：モル濃度，I：信号面積，H：プロトン数，f：ファクター，T：温度[K]，θ^{360}：360°パルス幅，N：積算回数，G：レシーバーゲイン，R = 定量用基準物質，A = 分析対象成分．

a. 標準溶液と試料溶液を同じ条件で測定する場合

標準溶液と試料溶液について，用いた溶媒，温度，積算回数などの測定条件がまったく同じときには，補正項 ≒ 1 と見なして内標準法と同じ式で定量値を求めることができる．同じ条件で解析処理した標準溶液と試料溶液のスペクトルを並べ，標準溶液中の基準信号と試料溶液中の分析対象成分の信号の面積，プロトン数などを代入して濃度や純度を求める．なお，QUANTAS の場合は，標準溶液のスペクトル上の任意の化学シフト，大きさの濃度情報を付与した人工信号を合成し，試料溶液のスペクトル上にこの人工信号を差し込み，これを基準として分析対象成分の濃度や純度を求める．

b. 標準溶液と試料溶液を違う条件で測定する場合

標準溶液と試料溶液の測定条件，それぞれについて 360°パルス幅（または 90°パルス幅：求めやすいほうでよい）を求める．次に標準溶液と試料溶液についてそれぞれ 360°パルス幅を求めた条件と同じ条件で NMR 測定を行い，標準溶液と試料溶液のスペクトルを並べて解析する．標準溶液中の定量用基準物質と試料溶液中の分析対象成分の信号を比較し，それぞれの面積，プロトン数，測定温度，積算回数，360°パルスなどを PULCON の式に代入して濃度や純度を求める．同じ装置を用いたとき，ファクター f には通常 1 を代入してよ

2重管による軽溶液中の有機化合物の濃度決定

揮発性や吸湿性が高いことなどにより分析試料のはかり取りが精密にできない場合には，少量の分析試料と重溶媒から試料溶液を調製することが難しいため，qNMRでは分析対象成分の純度を精確に求めることができない．一方，クロマトグラフィーの検量線作成に用いる標準溶液の濃度を知りたい場合など，試料溶液に含まれる分析対象成分の濃度がわかればいいときに，2重管を用いたqNMRを利用して軽溶媒の標準溶液の濃度を知ることができる．

2重管を用いたNMR測定は，分析試料が標準物質と反応してしまうので混ぜたくない場合や分析試料を回収したい場合などにしばしば利用されるが，ここでは，2重管を用いて，安価な軽溶媒に溶かした分析対象成分の濃度をqNMRで求める方法を紹介する．

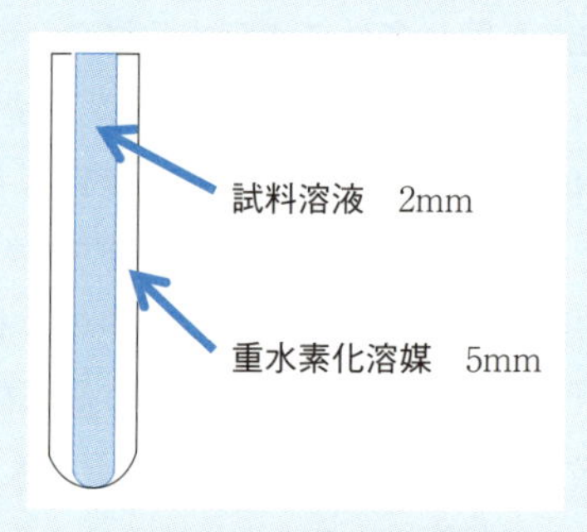

2重管NMR試験管の構造

信号面積の比を精確に求めるには，高分解能の信号を得る必要がある．このため，重水素化された溶媒の重水素のNMR信号をロック信号として用いる．ロックとは，超伝導磁石の磁場強度の変化を追跡して補正するための仕組みであり，通常，高分解能のNMRスペクトルを得るために用いられる．この理由から，軽溶媒中の分析対象成分のNMR測定では，試料溶液と重水素化溶媒が入った2重管を作成する．図には，外側のNMR試験管（5 mm）にロック用に重水素化溶媒を入れ，内側のNMR試験管（2 mm）に分析試料を軽溶媒に溶かした試料溶液を入れた2重管を例として示した．このように作成した試料溶液と重水素化溶媒が入った2重管について，qNMR測定を行い，得られたスペクトル上に観察される軽溶媒と分析対象成分の信号面積の比から，軽溶媒中の分析対象成分の濃度を精確に求めることができる．

［実際の例］ 1 mol/L 酸化エチレン・テトラヒドロフラン溶液の規格試験法[1)]

含量：本品は，1000 mL 中酸化エチレン（C_2H_4O）約 44.05 g を含む（1 mol/L）.

定量法：ドライアイスを入れたメタノールで冷却した本品を検液とし，外径 2 mm のガラス管に入れ，フッ素樹脂製のシールテープで密封する．ドライアイスを入れたメタノールで冷却しておいた重水素化クロロホルムを外径 5 mm の NMR 試料管に入れ，さらに本品を入れたガラス管を入れてふたをし，密閉する．その後，直ちに ^{1}H NMR スペクトルを測定する．本品の信号面積（2.85 ppm 付近）を 1 としたときのテトラヒドロフラン信号面積（3.95 ppm 付近）を A とし，次式により，酸化エチレンの含量を求める．

$$\text{酸化エチレン}\ (C_2H_4O)\ \text{の含量}\ (g/L) = \frac{11.01}{12.24 + 20.26 \times A} \times 1000$$

極めて反応性が高く有機化合物の合成の中間体などに用いられる三員環の環状エーテルである酸化エチレン（エチレンオキシド）は，無色の気体であり取り扱いが難しい．このため，1 mol/L 酸化エチレン・テトラヒドロフラン溶液として供給されており，この溶液中の酸化エチレンの濃度測定には qNMR が応用されている．軽溶媒のテトラヒドロフラン中の酸化エチレンの濃度が，テトラヒドロフランと酸化エチレンの信号面積の比から求められている．

1）「食品衛生法施行規則の一部を改正する省令」，厚生労働省令第 103 号，官報号外第 89 号（平成 20 年 4 月 30 日）

いが，かたよりのない正しい定量値が求められていない場合もある．このため，分析試料に余裕があれば，別に内標準法を行って PULCON で得られた結果と比較し，ファクター f を正確に求めたほうがよい．

◆文献

［1］ G. Wider, L. Dreier: *J. Am. Chem. Soc.*, **128**, 2171（2006）

［2］ C. H. Cullen, G. J. Ray, C. M. Szabo : *Magn. Reson. Chem.*, **51**, 705（2013）

［3］ S. K. Bharti, R. Roy : *Trends in Analytical Chemistry*, **35**, 5（2012）

［4］ R. D. Farrant, J. C. Hollerton, S. M Lynn, S. Provera, P. J. Sidebottom, R. J. Upton : *Magn. Reson, Chem.*, **48**, 753（2010）

［5］ 株式会社シゲミ，「シゲミ式同軸 NMR サンプルチューブ」http://www.shigemi.co.jp/pc/free12.html（最終アクセス／ 2014 年 12 月 11 日）

第4章 知っておきたい基礎知識

2章では内標準法について，また，3章では外標準法について，そのしくみや操作手順について具体的に示した．それぞれの章で述べた手順に従ってqNMRを実施することで，理論的には精確な分析値を得ることができるはずであるが，それぞれの工程において注意すべき点も多い．また，2章で述べたように，分析値の精確さは不確かさと呼ばれる概念で定量的に表現される．これはすべての工程における値のあいまいさを足し合わせることで分析結果の信頼性を示すものである．したがって，測定結果全体の信頼性を向上させるには，例えばNMR測定の繰返し性に配慮するだけでは不十分であり，どの工程にも気を配る必要があることを知っておきたい．

そこで本章では，試料調製，NMR測定および測定結果の評価に分けて，それぞれの工程における値のあいまいさ（不確かさ）の要因について，その原因と精確さ向上に有用なqNMRの基礎知識について詳しく述べた．特に，内標準法（AQARI）については，2章で述べた結果の確認をさらに推し進めた不確かさの見積もり方についても具体的に示したので，実際に行ってみることで信頼性に大きく寄与する要因を把握し，分析結果の信頼性向上に役立ててほしい．

4.1 試料調製

2.3節や3.3節の操作手順で具体的な試料溶液の調製法を説明したが，試料溶液の調製のポイントは使用する分析試料と標準物質の性質を考慮しながら，それらを精密にはかり取ることである．ここでは分析試料の性質，標準物質の品質，そしてはかり取りの基礎について取り上げる．

 分析試料の性質

分析試料の性質を知ることは，試料溶液の調製におけるはかり取りと溶解の操作を行ううえで重要な情報となる．

1)　吸湿性・昇華性（揮発性）

分析試料には吸湿性や昇華性（揮発性）を持つものがあり，このような分析試料を精密にはかり取るには作業環境の準備や調製操作に工夫が必要である．

吸湿性や昇華性（揮発性）が質量変動にどのような影響を与えるのか，蒸気吸脱着分析チャートの模式図を用いて解説する．蒸気吸脱着分析とは，温度を一定にした条件で湿度を変化させたときの分析試料の質量の変化を測定する分析法であり，熱分析の一つである．

図 4.1 に蒸気吸脱着分析チャートの模式図を示した．左軸に分析試料の質量百分率（%），右軸に相対湿度（%），横軸は時間（min）を示している．相対湿度を経時的に階段状に上昇させ，最初の相対湿度まで戻す際の分析試料の質量変化を計測する．点線①～④は，相対湿度を時間ごとに階段状に変化させたときの分析試料の質量百分率を表している．①のように相対湿度を変化させても質量変動がないものは，吸湿性なし・昇華性（揮発性）なしと判断できる．このような性質を持つ分析試料の場合，常温常湿の環境において精密なはかり取りが可能である．しかし，②③④のように時間経過とともに質量変動が観察される分析試料は常温常湿の環境において精密なはかり取りが困難である．②は，相対湿度の変化に応じて質量変動があるが質量減少はなく，吸湿性あり・昇華性（揮発性）なしと判断される．温度一定で相対湿度の上昇に合わせて質量が増加していることから，このような分析試料は低湿環境を準備してはかり取るなどの工夫が必要である．③は，相対湿度の変化に応じた質量変動はないが質量減少があることから，吸湿性なし・昇華性（揮発性）ありと判断される．低温環境で昇華性（揮発性）を抑制してはかり取るなどの工夫をする必要

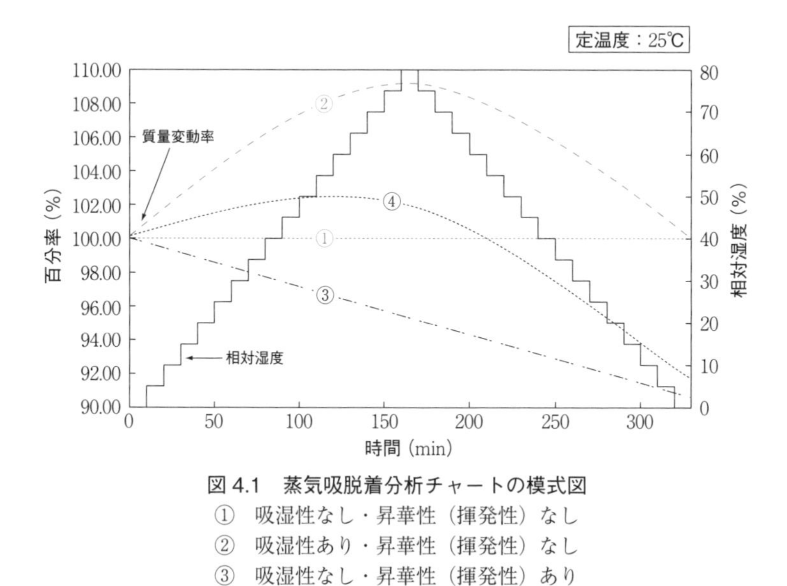

図 4.1　蒸気吸脱着分析チャートの模式図
①　吸湿性なし・昇華性（揮発性）なし
②　吸湿性あり・昇華性（揮発性）なし
③　吸湿性なし・昇華性（揮発性）あり
④　吸湿性あり・昇華性（揮発性）あり

がある．④は，相対湿度の変化に応じた質量変動のみならず質量減少があるため，吸湿性あり・昇華性（揮発性）ありと判断される．このような分析試料は低湿かつ低温環境で，吸湿性および昇華性（揮発性）を抑制してはかり取るなどの工夫が必要となる．図 4.1 には示されていないが，吸湿性はあるが，吸湿後水和物として完全に安定する分析試料は，質量を安定させたあと精密なはかり取りが可能である．

2）溶解性

「2.3.2-1）溶解性の確認」ですでに述べたが，分析対象成分が溶媒に完全に溶解していないと精確な定量結果を求めることができない．分析対象成分は，溶媒の種類，温度，pH などさまざまな条件で溶解性が異なるため，溶解性に関する情報が得られていれば参考にすることができる．

分析対象成分が溶媒に完全に溶解したかどうかの確認は一般的に難しいことから試料溶液について目視で行う．目視による確認をより慎重に行うためには，例えば透明のガラス容器に試料溶液を調製し，蛍光灯を照射して確認する方法がある．このとき試料溶液がわずかに濁っている，あるいは試料溶液中に浮遊物が観察される場合は，定量結果に影響を与える可能性があるので，細心の注意を払って確認する．分析試料が溶解したかどうかの判断が困難な場合は，別の溶媒を検討することを推奨する．

3）安定性

「2.3.2-3）安定性の予備的確認」でも述べているが，qNMR では，HPLC や GC などの他の定量分析と同じように分析対象成分を溶媒に溶かして測定するため，分析に用いる溶媒中の分析対象成分の安定性には注意が必要である．溶媒中の分析対象成分は，分解や異性化などによる変化が経時的に進むことがあるので十分に注意しなくてはならない．

ここでは，分解や異性化の例を紹介する．殺菌剤や鳥の忌避剤として使用されているチウラム（Thiuram）を繰返し測定してみると，δ3.53 ppm，δ3.62 ppm の信号が小さくなり，その近辺の信号が大きくなっている（図 4.2）．このことから試料溶液中でチウラムが経時的に分解していることが確認できる．このように溶媒中での分解などの経時変化は，同じ試料溶液を繰返し測定・比較す

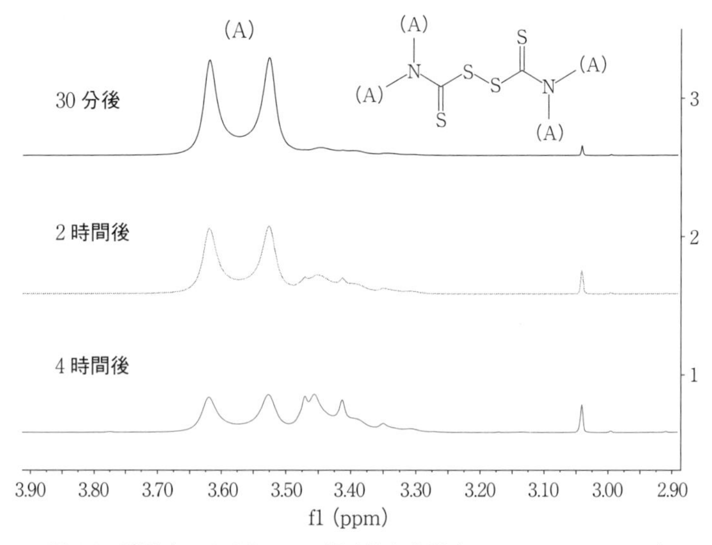

図 4.2　溶液中でのチウラムの経時的な分解（δ2.9 ppm～δ3.9 ppm）

ることで確認できる．このとき定量値のみを確認するのではなく，得られたスペクトルパターンを比較することも必要である．例えば，分解物の信号が分析対象成分や定量用基準物質の信号の積分区間内に含まれて，見かけ上定量値が変化しない場合があるからである．なお，感度が悪く，繰返し測定が困難な場合の経時変化の確認は，積算効率がよい定性目的の測定で使用される汎用的な条件（感度を重視した条件）で測定することを推奨する．

また，アミノ糖であるグルコサミン塩酸塩は溶液中で互変異性が起こることが知られている．高純度のグルコサミン塩酸塩の ^{1}H NMR スペクトルを図 4.3 に示すが，α 異性体と β 異性体由来の信号が観測され，溶液中において互変異性化が起こっていることがわかる．このような場合は両方の信号を考慮して定量値を求めなければならない．分析対象成分のスペクトルパターンが互変異性によって複雑になる場合，互変異性体それぞれの同じ官能基の ^{1}H 信号を明確に帰属し，信号面積を合算して定量する必要がある．得られた定量値が正しいかどうかの判断が困難であるので，分子内における信号間の面積比の確認，他の分析手法による結果との比較など，妥当性確認を実施することが望ましい．ここに示したグルコサミン塩酸塩の場合，β 位のアノメリックプロトンが水（δ4.6 ppm）の信号に近く定量用の信号に適さないため，2 位の信号を使って含量を求めている．

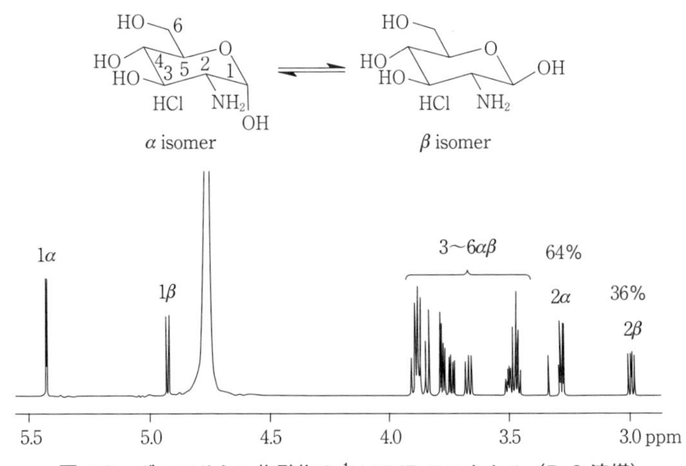

図 4.3　グルコサミン塩酸塩の ^{1}H NMR スペクトル（D_2O 溶媒）

また，お茶のカテキン成分のエピガロカテキンガレート（epigallocatechin gallate：EGCG）の純度測定時に重溶媒中で安定性に問題があった例を**図 4.4** に示す．EGCG の純度測定に用いることのできる多重度が少なく SN 比のよいシンプルな信号が δ5.70 ppm，δ6.24 ppm，δ6.69 ppm に観察される．EGCG をメタノール-d_4 中で測定した場合，δ6.69 ppm の信号から求めた純度が他の信号と比べて若干高い結果となったので，δ6.69 ppm の信号に何らかの不純物が重なっている可能性が疑われた．そこで，重溶媒をアセトン-d_6 に変えて測定してみると，今度は逆に δ5.70 ppm の信号から求めた純度が高い結果となった．EGCG の純度の経時変化を観察してみたところ，アセトン-d_6 では純度にほとんど変化がなかったが，メタノール-d_4 では，δ5.70 ppm，δ6.24 ppm で求めた純度が時間とともに低下していくことがわかった．メタノール-d_4 中では

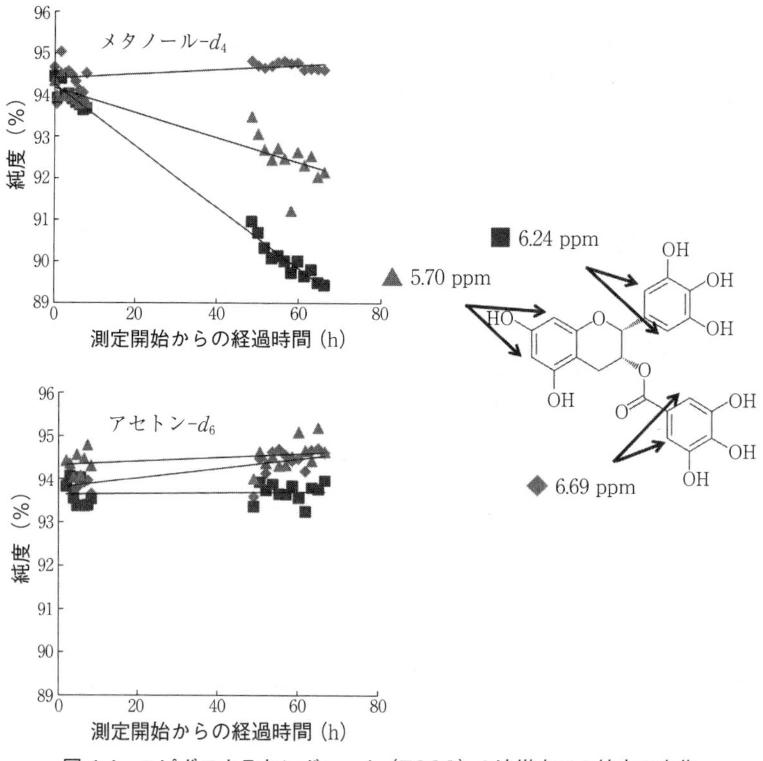

図 4.4　エピガロカテキンガレート（EGCG）の溶媒中での純度の変化

EGCGから3位の没食子酸が外れてしまったか，異性化などによりEGCGの構造に何らかの変化が生じたと考えられた．

また，分析試料に不純物が混ざっていたとしても，不純物の信号が分析対象成分の信号に完全に重なってしまうと，不純物の存在に気づかず定量値を求めてしまうだろう．このような場合は，重溶媒を変えると分析対象成分や不純物の信号の化学シフトが変わり，不純物の存在が確認できることもある．したがって，qNMRにより精確な定量値を求めたい場合は，溶媒をいくつか変えて測定してみるなどの検討を行うことを奨める．

4.1.2 qNMRに用いられる標準物質の品質

1) 標準物質に求められること

qNMRは，原理的に分析対象成分の絶対量が測定できることから，純度測定法として昨今注目を集めている．その優れた特性から日本薬局方や食品添加物公定書といった公定法に採用され始めている†11[1-4]．それら公定法では，用いる標準物質が明確に規定されており，対応した製品が試薬メーカーから市販されており，現在では容易に入手可能となっている．また，その他にも複数の化合物がqNMR用の標準物質として市販されているので代表的なものを**表4.1**に示した．qNMRを実施するにあたって，この中からどの標準物質を選択すればいいかは非常に悩ましいと思われるので，その指針を示しておく．

qNMRに用いる標準物質には以下の要件が求められる．

① 高純度であること
② 精密にはかり取りができること
③ 信号の分裂が少ないこと
④ 特異的な領域に化学シフトを与えること

†11 公定法または公定分析法：定性または定量分析を行う場合，選択した分析法によって結果が異なるときがある．このため，分析結果に同一性が要求されるとき，法令など（薬局方や食品添加物公定書も大臣告示であり法令の一種）で分析法が定められる．公的機関（国や所轄官庁）が定めたこれらの分析法を総称して，公定法という．

表 4.1　qNMR に用いられる代表的な標準物質

化合物名	^{1}H 化学シフト※	性状（常温常圧）
1,4-BTMSB-d_4	0.2 ppm	固体
DSS-d_6	0.1 ppm	固体
ジメチルスルホン	3.2 ppm	固体
マレイン酸	6.2 ppm	固体
3,5-ビストリフルオロメチル安息香酸	8.5-8.2 ppm	固体
ジメチルマロン酸	1.3-1.4 ppm	液体
4-(ジメチルアミノ) 安息香酸エチル	～1.3；3.0；4.3；6.7；7.8 ppm	固体
デュロキノン	2 ppm	固体
1,2,4,5-テトラメチルベンゼン	2.3 + 7.0 ppm	固体
安息香酸ベンジル	～5.4 ppm	液体
テレフタル酸ジメチル	3.9 + 8.1 ppm	固体
安息香酸	8.2-7.4 ppm	固体
フタル酸水素カリウム	～7-8 ppm	固体
ギ酸カルシウム	～7.5-8.5 ppm	固体
1,2,4,5-テトラクロロ-3-ニトロベンゼン	7.8-8.4 ppm	固体
3,5-ジニトロ安息香酸	9.2 ppm	固体

※ 測定条件によって多少変わる.

⑤　分析試料と反応しないこと

⑥　溶媒中で安定なこと

⑦　溶媒への溶解性が良好であること

このうち，①～③，⑥および⑦は内標準法および外標準法に共通した項目であり，④および⑤は内標準法に特有の項目である．したがって，qNMR を実施する際には，この七つの要件から選択する方法に基づいて，適宜，標準物質を選択することになる．

①　高純度であること

qNMR に用いる標準物質はできるだけ高純度であることが望ましい．標準物質中の定量用基準物質の純度が低く不純物が多く含まれる場合，分析対象成分の信号と重複し精確な信号面積を測定することができなくなる可能性が高くなる．標準物質中の不純物と分析対象成分の信号が重複した場合，はかり取った質量がいかに精密であったとしても，定量結果にかたよりを与え，最終的に得られる定量結果は精確さを具備しない.

② 精密にはかり取りができること

qNMR に用いる標準物質は昇華性（揮発性）や吸湿性がなく，安定してはかり取りができるものが望ましい．例えば，トルエンやベンゼンなどの揮発性有機化合物や化学シフトの基準物質に使用されるテトラメチルシラン［$(CH_3)_4Si$］（TMS）ははかり取り中に揮発してしまい，精密な質量を求めることは困難である．さらに，吸湿性や昇華性（揮発性）が非常に高い化合物については，瓶の蓋を開閉する度に質量だけでなく純度が変化する可能性もあることから，純度の信頼性が確保できない．このような観点からも標準物質として好ましくない．また，吸湿性が高い化合物も精密な質量を求めることは困難である．ただし，吸湿によって水和物として安定化する化合物であれば問題ない．いずれにせよ，安定して精密なはかり取りができることが，qNMR に用いる標準物質の要件として求められる．

③ 信号の分裂が少ないこと

定量用基準物質として，一種類の単一線（singlet）信号を持つものが理想的には望ましい．定量用基準物質が複数の信号を有する場合，不純物の信号と重複してしまい，精確な信号面積を測定することが困難になる可能性が増すためである．スピン結合による信号の分裂，すなわち，多重線（multiplet）は，信号の SN 比が多重度に反比例して悪くなるため精確な信号面積を測定することが困難になるだけでなく，同様な理由で避けたい．

④ 特異的な領域に化学シフトを与えること

特異的な領域とは，一般的な有機化合物の信号が観測されない範囲をいう．TMS は，化学シフトの基準物質として利用されるが，構造中に含まれるケイ素が有する磁気遮蔽効果によって TMS の ^{1}H 信号が高磁場側へシフトして δ0 ppm に観察される．TMS のように構造中にケイ素が含まれる有機化合物はまれであることから，δ0 ppm 付近は一般的な有機化合物の信号が観測されない特異的な領域であり，分析対象成分，重溶媒および不純物の信号が重複するという問題はほとんど生じない．したがって，qNMRに用いる標準物質の選択としては，TMSのようにδ0 ppm付近に信号を有する化合物が望ましい．

⑤　分析試料と反応しないこと

標準物質は試料溶液中で分析試料と反応しないことが重要である．標準物質中の定量用基準物質が分析試料と反応する場合は信号面積が精確に測定できないため，定量結果の信頼性を確保できない．

⑥　溶媒中で安定なこと

標準物質は溶媒中で安定で分解しないことも重要である．標準物質中の定量用基準物質が分解または反応する場合は信号面積が精確に測定できないため，定量結果の信頼性を確保できない．

⑦　溶媒への溶解性が良好であること

標準物質が用いる溶媒に完全に溶解していない場合は，標準物質中の定量用基準物質の信号面積が過小評価されてしまう可能性が高く，分析対象成分の含量や純度が高く見積もられることになる．また，用いる溶媒に対する溶解性が悪いと測定の安定性が損なわれ，分解能が低下する場合がある．したがって，多くの溶媒に高い溶解性を有する標準物質ほど使いやすい．

以上，精確な定量結果を得るための観点から標準物質に一般的に求められる要件について解説してきたが，残念ながらすべての分析対象成分に対応可能な標準物質は存在しない．試薬メーカーなどからさまざまな標準物質が市販されているので，分析者は各標準物質の特性を十分理解したうえで，分析対象成分や用いる溶媒を考慮しながら標準物質を適宜選択することが必要である．さらに，精確な定量結果を得るためには，SIトレーサビリティが確保された信頼性の高い標準物質を用いることが必須である．

2)　公定法で用いられている認証標準物質

qNMR用標準物質として市販されている認証標準物質1,4-BTMSB-d_4（1,4-

コラム 8　認証標準物質とは

認証標準物質（Certified Reference Material, CRM）とは，JIS によれば「一つ以上の規定特性について，計量学的に妥当な手順によって値付けされ，規定特性の値及びその不確かさ，並びに計量学的トレーサビリティを記載した認証書が付いている標準物質」と定義されている．やや難しい定義であるが，つまり認証標準物質には認証書（図 1）が添付されており，その中で計量トレーサビリティが表明され信頼性が確保されている．加えて特性値（純度や濃度）に関する不確かさが記載されており，特性値がどの程度の計量品質を有するかを図２に示したような厳格な生産プロセス（例）に従っ

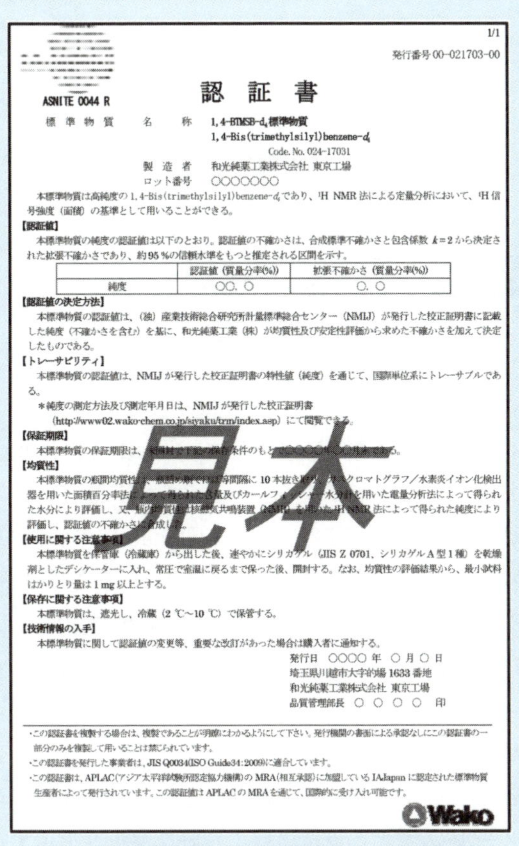

1/1

発行番号 00-021703-00

ASNITE 0044 R

認　証　書

標準物質　名　称　1,4-BTMSB-d_4 標準物質
1,4-Bis(trimethylsilyl)benzene-d_4
Code. No. 024-17031
製造者　和光純薬工業株式会社 東京工場
ロット番号　○○○○○○○

本標準物質は高純度の 1,4-Bis(trimethylsilyl)benzene-d_4 であり、^{1}H NMR 法による定量分析において、^{1}H 信号強度（面積）の基準として用いることができる。

【認証値】
本標準物質の純度の認証値は以下のとおり。認証値の不確かさは、合成標準不確かさと包含係数 $k=2$ から決定された拡張不確かさであり、約 95 %の信頼水準をもつと推定される区間を示す。

	認証値（質量分率(%)）	拡張不確かさ（質量分率(%)）
純度	○○. ○	○. ○

【認証値の決定方法】
本標準物質の認証値は、（独）産業技術総合研究所計量標準総合センター（NMIJ）が発行した校正証明書に記載した純度（不確かさを含む）を基に、和光純薬工業（株）が均質性及び安定性評価から求めた不確かさを加えて決定したものである。

【トレーサビリティ】
本標準物質の認証値は、NMIJ が発行した校正証明書の特性値（純度）を通じて、国際単位系にトレーサブルである。
＊純度の測定方法及び測定年月日は、NMIJ が発行した校正証明書
（http://www02.wako-chem.co.jp/siyaku/trm/index.asp）にて閲覧できる。

【保証期限】
本標準物質の保証期限は、[illegible]条件のもと[illegible]である。

【均質性】
本標準物質の瓶間均質性は、[illegible]等間隔に 10 本抜き[illegible]クロマトグラフ／水素炎イオン化検出器を用いた面積百分率法[illegible]及びカールフ[illegible]水分計を用いた電量分析法によって得られた水分により評価し、又、[illegible]核磁気共鳴装置（NMR）を用いた ^{1}H NMR 法によって得られた純度により評価し、認証値の不確かさに合成した。

【使用に関する注意事項】
本標準物質を保管庫（冷蔵庫）から出した後、速やかにシリカゲル（JIS Z 0701、シリカゲル A 型 1 種）を乾燥剤としたデシケーターに入れ、常圧で室温に戻るまで保った後、開封する。なお、均質性の評価結果から、最小試料はかりとり量は 1 mg 以上とする。

【保存に関する注意事項】
本標準物質は、遮光し、冷蔵（2 ℃～10 ℃）で保管する。

【技術情報の入手】
本標準物質に関して認証値の変更等、重要な改訂があった場合は購入者に通知する。

発行日　○○○○ 年　○ 月 ○ 日
埼玉県川越市大字的場 1633 番地
和光純薬工業株式会社 東京工場
品質管理部長　○ ○ ○ ○　印

・この認証書を複製する場合は、複製であることが明瞭にわかるようにして下さい。発行機関の書面による承認なしにこの認証書の一部分のみを複製して用いることは禁じられています。
・この認証書を発行した事業者は，JIS Q0034(ISO Guide34:2009)に適合しています。
・この認証書は，APLAC(アジア太平洋試験所認定協力機構)の MRA(相互承認)に加盟している IAJapan に認定された標準物質生産者によって発行されています。この認証値は APLAC の MRA を通じて、国際的に受け入れ可能です。

Wako

見本

図 1　認証書の例（1,4-BTMSB-d_4 標準物質）

て作られている．その特性値は不確かさの範囲で正しい値であり，試薬メーカーなどが自社の品質基準（ある分析装置を使って特定の測定条件で求めた値）で保証した含量とは信頼性が大きく異なる．qNMR で使用する標準物質を選択する際には，このことを理解しておくことが必要である．

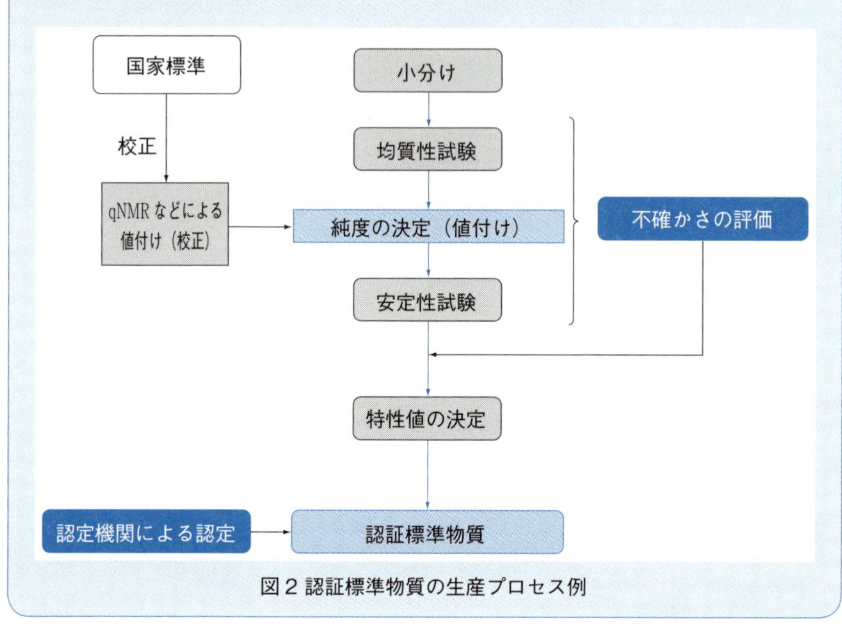

図2 認証標準物質の生産プロセス例

ビストリメチルシリルベンゼン-d_4，1,4-Bis（trimethylsilyl）benzene-d_4）および DSS-d_6（3-（トリメチルシリル）-1-プロパンスルホン酸ナトリウム-d_6，sodium 3-（trimethylsilyl）-1-propane-1,1,2,2,3,3-d_6-sulfonate）の特徴や使用する際の注意点などについて解説する．なお，1,4-BTMSB-d_4 および DSS-d_6 は，4.1.2-1）で示した qNMR 用の標準物質に求められる七つの要件を満たしており，公定法（日本薬局方や食品添加物公定書）においてすでに採用されている[1-3]．

① 1,4-BTMSB-d_4

1,4-BTMSB-d_4 は，常温で固体の化合物であり，クロロホルム-d，アセトン-d_6 およびメタノール-d_4 などの有機溶媒に良好な溶解性を示す定量用基準物質である．1,4-BTMSB-d_4 は，重溶媒の種類によっても異なるが δ0.2 ppm 付近に単一線の定量の基準となる信号を与える（公定法では混乱を避けるため，1,4-BTMSB-d_4の信号を便宜上，δ0 ppmに設定することとされている）．また，等価な二つのトリメチルシリル基を有し，そのプロトン数は18である．プロトン数に対するモル質量が比較的小さく226.50 g/molであることから，少量でも鋭い単一線の信号を与える．なお，本信号の両肩部分には，ケイ素（^{29}Si）とのスピン結合を示す分裂信号が観測される．

これはトリメチルシリル基由来のサテライトの信号（図4.5）であり，不純物由来の信号ではない．^{29}Siサテライトの信号面積は，^{29}Siの天然存在比が4.67 %であることから，主信号に対して4.67 %の割合で観測されることから，積分範囲に含める必要がある．また，ベンゼン環の四つの水素は重水素化されているが，完全に重水素化することは多くの重水素化溶媒と同様に困難であることから，TMS基をδ0 ppmとしたときにδ7.3 ppm付近（アセトン-d_6：δ7.27 ppm，メタノール-d_4：δ7.24 ppm，クロロホルム-d：δ7.26 ppm）にベンゼン環の四つの水素に由来する微小な信号が観測される．このため，特にベンゼン環を有する分析対象物質を定量する場合は，この微小な信号が重複していないことを慎重に確認する必要がある．

1,4-BTMSB-d_4は，常温では1時間あたり約0.2 %の昇華性が確認されている．通常のはかり取り時間では精密な質量のはかり取りの実施に影響を与えない程度の昇華性であるが，はかり取り後は速やかに用いる溶媒に溶解させるほうがよい．なお，安定剤不含のクロロホルム-d中では，ラジカル反応によっ

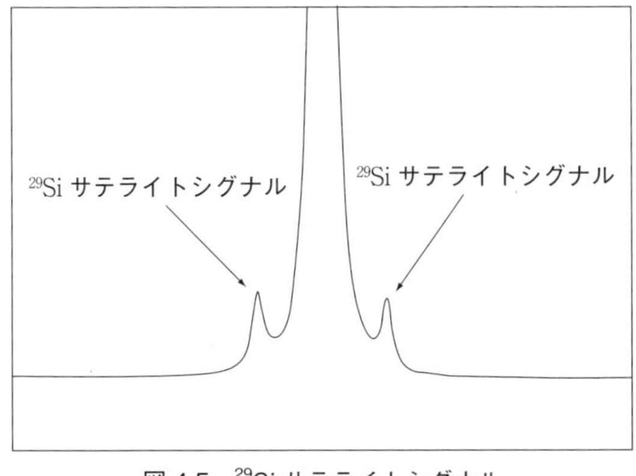

図4.5　^{29}Si サテライトシグナル

て経時的に分解することが確認されているため，溶液調製後直ちにNMR測定をする必要がある．

② DSS-d_6

DSS-d_6は，常温で固体の化合物であり，重水，ジメチルスルホキシド-d_6およびメタノール-d_4などに溶解する定量用基準物質である．DSS-d_6も1,4-BTMSB-d_4と同様に，定量の基準となる信号は，トリメチルシリル基であり，プロトン数は9である．プロトン数に対するモル質量が比較的小さく224.36 g/molであることから，溶媒の種類によっても異なるが0.1 ppm付近に単一線の鋭い信号を与える（公定法では混乱を避けるため，DSS-d_6を基準物質としてδ0 ppmに設定することとされている）．DSS-d_6の分子内のエチル基のプロトンは重水素化されているが，前述した通り，完全に重水素化することは困難である．このため，DSS-d_6のTMS基の信号をδ0 ppmとしたとき，重水中では，δ0.59 ppm，δ1.72 ppm，δ2.88 ppmに，ジメチルスルホキシド-d_6中ではδ0.48 ppm，δ1.54 ppm，δ2.37 ppmに，微小なエチル基の信号が観測される．このため，DSS-d_6を用いて定量する場合，特にメチル基など高磁場領域に信号が観測される有機化合物に対して注意が必要である．

また，DSS-d_6は水和物となって安定化するため，使用前に試験室環境（温度，15℃～25℃；相対湿度，20％～80％）で30分以上放置して，十分に吸湿させる必要がある．なお，水和物として安定したときのDSS-d_6の水分含有量は，約7.4％であることから，スペクトル中に観測される水の信号強度はこの分大きくなる．分析対象成分と水の信号の分離などに影響を与える可能性があるので注意を要する．

 4.1.3 精確なはかり取り[†12]の基礎

はかり[†13]を使用して分析試料をはかり取るときには，次のようなことに注

†12 一般的に使われていた「秤量」のこと．JIS規格および日本分析化学会では「秤量」の正規用語は「はかり取り」である．なお，「ひょう量」とは，はかりを用いて正しく測定できる「最大許容質量」とされ，意味が異なる．

意を払う.

① はかりが適正な機種である
② はかりの設置環境が適切である
③ 標準操作手順書（Standard Operating Procedure，以下 SOP）が整備されている
④ はかりを使用する者は教育訓練されていること

これらが信頼性の向上につながる.

1) はかりが適正な機種であること

a. qNMR に適したはかり

図 4.6 に示すように，はかりには目的に応じたさまざまな種類があるが，qNMR で分析試料や標準物質の質量を精確に表示するのに適している機種は，最小表示値 0.0001 mg のウルトラミクロ電子天びん（以下，ウルトラミクロ），および最小表示値 0.001 mg のミクロ電子天びん（以下，ミクロ）と，最小表示値 0.01 mg のセミミクロ電子天びん（以下，セミミクロ）である.

b. はかりが持つ不確かさ[†14]

電子天びんは，質量を正しく表示するように校正されているが，その表示値は不確かさを持っている．電子天びんの校正を依頼すると，校正証明書が発行される．標準分銅を使用して，メーカーの技術者が計測を行った検査結果である．例を挙げると，あるウルトラミクロでは，1 mg で 0.0022 mg，2 mg〜10 mg までは，不確かさ（$k = 2$）の数値はそれぞれ同じ 0.0022 mg であり，20 mg では 0.0025 mg と記載されている．このウルトラミクロを使って，1.0000 mg を

†13 天びんのこと．JIS 規格および分析化学では物体の質量を測定する機器の総称として「はかり」としている．本文で器械名を表記する際は「電子天びん」とした.

†14 不確かさとは「測定の結果に付随した，合理的に測定量に結びつけられ得る値のばらつきを特徴づけるパラメータ」である．一般的な誤差の概念と広義においては同義であるが，正しくは「誤差とは測定では知り得ない真の値と，測定値との差」であるため不確かさと誤差は区別される.

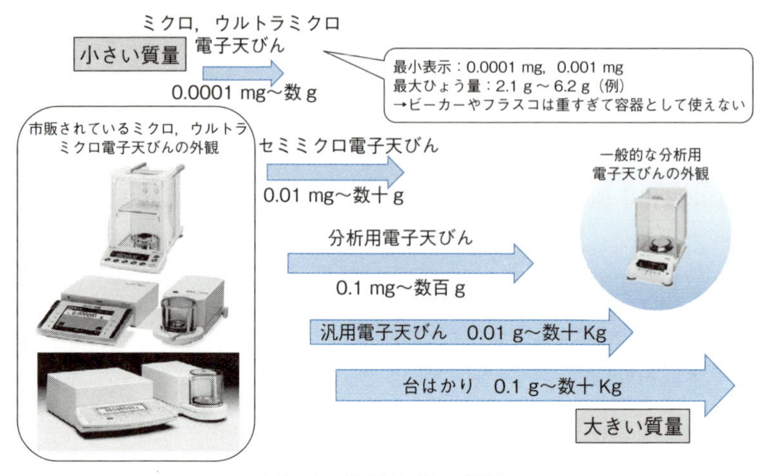

図 4.6　電子天びんの種類

きっちりはかったとしても，不確かさに由来する質量範囲を持ち，結果の数値には 0.11 %の不確かさが反映される．不確かさの詳細は，2 章に詳しい記載があるので参照されたい．試料溶液を調製するなどの操作でも不確かさがさらに加算されていくことを考慮すると，精確な定量値を得るためには分析試料や標準物質のはかり取りで発生する不確かさを最小限に抑える必要がある．器械の経年劣化や，設置環境の影響で不確かさの数値が大きくなる可能性があるため，電子天びんは定期的に点検して校正されていることが必要である．

c.　機種に応じたはかり取り

機種をウルトラミクロ，ミクロおよび，セミミクロにすると，はかり取りのばらつきにはどのような差が出るのかということについて，最小計量値[†15]を指標として測定した結果を**表 4.2** で比較する．A，B，C の設置環境は同じで

†15　最小計量値：アメリカ薬局方（USP）の要求事項で，標準分銅を 10 回繰り返し測定して得られた標準偏差をもとに算出される値．2013 年 12 月に改訂され，「（使用するはかりで計量した）標準偏差を 2 倍し，要求される最小の質量値で徐算した値が 0.10 % を越えていなければ，繰り返し性を満足する」となっている．本稿では，標準偏差（σ）$\times 2(k = 2) \div 0.10\,\% =$ 最小計量値としている．計量のばらつきが大きいと最小計量値が大きく，はかりの機種や設置環境および測定対象物によっても変化する．この値より小さい質量では信頼性を満たさないとされる．

表 4.2　計量範囲の異なる電子天びんでの最小計量値の比較例

機種	A：ウルトラミクロ	B：ミクロ	C：セミミクロ
計量範囲 (最小～最大)	0.0001 mg～2.2 g	0.001 mg～5.2 g	0.01 mg～30 g
最小計量値	0.3239 mg	0.966 mg	36.76 mg

ある．実際に分析試料をはかり取るときには，5 mg の頻度が多いと仮定して，分銅には標準分銅 5.0023 mg ± 0.0015 mg を使用した．標準偏差は教育訓練を受けた者が SOP に沿って，10 回計測した値である．A では 0.4000 mg 程度でも最小計量値以上が確保される．しかし C は最小計量値が 36.76 mg であるため，5 mg の分析試料をはかろうとする場合は，最小計量値を満たさないので，使用するべきではない．手持ちの機種がセミミクロしか無かった場合，最小計量値を測定して数値を確認し，それよりも分析試料の採取量を多くすることによって最小計量値を満たせる．あるいは要求されるはかり取りの不確かさに応じて，最小計量値の式における 0.10 % を，例えば 10.0 % に変更すれば，5 mg の分析試料をはかり取っても最小計量値を満たす．このように最小計量値を指標とし，機種によって適正に使い分けることが可能である．

2)　はかりの設置環境が適切であること

設置環境が適切なはかりと不適切なはかりで，どのくらいの違いが生じるのかという具体例を，はかりの最小計量値を指標として**表 4.3** に示す．

表中のはかりは A，B ともに同一のミクロである．分銅および標準偏差は，1) c 項の条件と同じである．設置環境が「適切」とは，振動・温度・湿度・気流・気圧の変動を可能な限り除いた状態である．まず，はかりは建物や床，および載せている台そのものから受ける振動がない場所に設置する．そのため，はかりを載せる台として 4 本脚の事務机などは使用してはならない．設置する測定室のうち，出入り口を避け，建物の梁や壁に沿った堅牢な場所に専用の防振台に単独で設置し，風防を設けて温度変化や気流の影響を少なくすることが望ましい．最小計量値以上を確保するには，A は 0.97 mg 程度の分析試料をはかり取ればよいが，B は 1.40 mg 程度をはかり取らなくてはならない．表中の環境因子では，室内はエアコンでコントロールされ，温度・湿度に大きな差があるとは言えない．

表 4.3　ミクロの設置環境による最小計量値の比較

はかりの設置環境		A	B
設置環境の因子	台（振動の影響）	実験台	防振天びん台
	温度変化と気流に関する設置位置	エアコンの影響を緩和した位置で気流の体感はない	エアコンの吹き出し口の近くで温度変化や気流の体感がある
	室温℃（変動）	20.0（±0.5）	23.5（±0.2）
	湿度％（変動）	8.0（±0.0）	48.0（±3.0）
	気圧 hPa（変動）	1009.8（±0.1）	1001.5（±0.1）
	天候	晴れ	曇りのち晴れのち曇り
安定した表示値の読みとり時間		30 秒	60 秒
最小計量値		0.966 mg	1.398 mg

しかし，表示値が安定するまでにかかった時間と最小計量値に差が出ている．設置台およびエアコンの吹き出し気流が A と B の差の主原因であることがわかる．

3)　SOP が整備されていること

SOP の整備は信頼性保証には欠かせない．特に μg オーダーのはかり取りにおいては必須である．SOP に定める要件は，はかりの機番（シリアルナンバー），管理責任者に始まり，定期点検[†16] の実施と記録，日常の始業点検手順，使用簿の作成などである．はかり 1 台ごとに SOP を整備し，SOP に沿って常に同じ手順で操作する．詳細は成書[5] を参照されたい．SOP に定める始業点検項目の例を**表 4.4** に示した．表中の手順で，一般の電子天びんで行われていないことは，手順 10 と 13 である．環境の影響で，はかりに安定表示が示されても，表示値がドリフトする場合があるが，手順 13 はこの数値変動を最小限にすることができる．これらを SOP に記載し，それに沿った操作を行えば，はかりを使用する者によって生じるばらつきを抑えられる．はかり取りに使用する器具と容器は，他用に使わず専用のものを準備する．計量に用いる容器をはかりに載せるなどの操作は，ピンセットを使用し，素手で触れてはなら

†16 電子天びん特にミクロやウルトラミクロは，メーカーの技術者による質量の不確かさが付された標準分銅を用いた校正が，例えば年 1 回など定期的に必要である．

表 4.4　始業点検項目の例

手順	点検項目	内容詳細
1	通電確認	12 時間以上前に電源が入っている.
2	室温，湿度の変動確認	数時間前にはエアコンで調整.
3	清掃	はかり周辺及び使用器具.
4	水平の確認と調整	はかりの水準器で確認.
5	使用記録簿の記録	日付・使用者・温度・湿度・気圧・水平・清掃・開始時間など.
6	スイッチを入れる	計量室扉を開く.（正常な動作）
7	計量室内部の確認	計量皿の汚れがあれば清掃.
8	安定時間の保持	計量室扉を開いた状態で（30 分間）内外の温度・湿度を平衡にする.
9	ゼロ表示を確認	計量室扉を閉めて［tare］キーでゼロにする．ゼロ表示が安定する.
10	手動キャリブレーション	開始から終了までにかかった時間（秒）を記録．異常の発見.
11	荷重がけ（ならし）	標準分銅を計量皿に数回載せて作動させ，内部の熱発生の安定を図る.
12	標準分銅測定値の確認	ウルトラミクロ電子天びんなら，mg の分銅のいずれか 2 種.
13	表示値の安定にかかった時間の計測	標準分銅を乗せてから数値が安定するまでの秒数を計り記録．試料のはかり取りの際に安定基準とする.
14	点検結果の記録	ファイリングして保管する.

ない．分析試料の計量に用いる容器は，はかりの計量部の皿と大きさが合うもの，大気中の水分を吸着せず，静電気を帯びにくい材質が適している．化学実験でよく使われる薬包紙を用いてはならない．また，はかり取る分析試料が固体，液体，オイル状である場合にも適した μg オーダーのはかり取り技術[6]があり，対応する SOP が必要である．

4)　はかりを使用する者は教育訓練されていること

信頼性のあるはかり取りは，操作する者の手作業によるので，ウルトラミクロやミクロについての知識と，使う技術があってこそ実現する．**表 4.5** に A と B が，SOP に沿ってはかり取りした最小計量値の比較を示す．

表 4.5　教育訓練の有無による最小計量値（単位：mg）の比較

セット番号	A：熟練者	B：初心者
1	0.632	2.225
2	1.647	3.976
3	1.054	2.760

A は業務で日常的にミクロやウルトラミクロを使用している熟練者で，B は分析実務者ではあるが，ほとんどはかりを使用しない初心者である．はかりは同一のミクロで，分銅は 10 mg の同一の分銅である．10 回の繰返し測定を 3 セット行った．測定日を変えているため，設置環境の因子である温度，湿度，気圧の状況が 1 セットごとに異なっており，現実の測定に即した条件である．同じものをはかっているのであるが，最小計量値に現れる技術の差は歴然としている．USP に準拠するなら，B はこのミクロで 2.0 mg をはかれない．また，たとえ熟練者でも環境因子によって最小値と最大値には差が出ている．

では，実際に qNMR ではかり取り経験の差がどのように結果に影響するのか，教育訓練を受けた C（熟練者）と受けていない D（初心者）について比較した．**図 4.7** にビンクロゾリンの純度を qNMR で求めた結果を示す．認証値 99.9 % ± 1.4 % のビンクロゾリン 10 mg を分析試料とし，DSS-d_6（純度：92.3 %）1 mg を標準物質として，それぞれウルトラミクロではかり取り，適量の DMSO-d_6 を加えて 3 個の試料溶液を調製した（試料溶液 1〜試料溶液 3）．これらの試料溶液を測定して得られた NMR スペクトルを**図 4.8** に示す．定量用基準物質（内標準物質：IS）の信号①に対するビンクロゾリンの信号②〜⑤から求めた 4 個の純度を相加平均し，3 回測定の平均値を各試料溶液の純度とした．得られた各試料溶液の純度の平均値だけを見ると C，D どちらもビンクロゾリンの純度許容範囲（認証値の拡張不確かさ）に収まっていて，何の問題もないように見えるが，純度には差が出ていることから，平均値だけを機械的に評価してはならない．D の試料溶液 1 は明らかに異常な値である．原因は，はかり取りミスであるが，D は気づかなかったため，そのまま試料調製を続け，qNMR の測定へと進んでいる．D がウルトラミクロを使用した直後に，C は計量皿の上にわずかにこぼれているビンクロゾリンを，目視で確認するこ

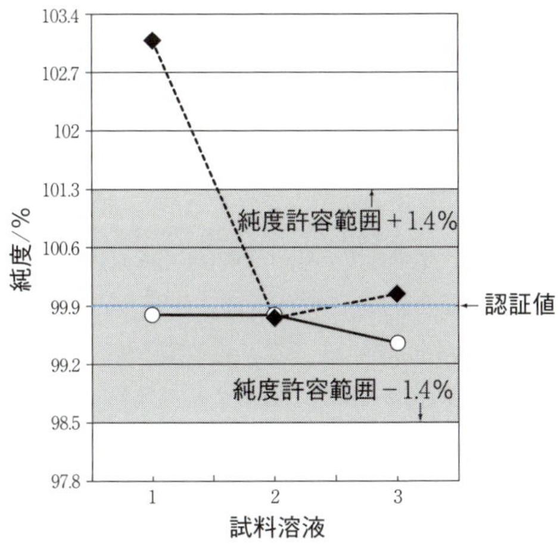

測定者			C：熟練者	D：初心者
純度%（認証値との差）	試料溶液	1	99.8（－0.1）	103.1（＋3.2）
		2	99.8（－0.1）	99.8（－0.1）
		3	99.5（－0.4）	100.0（＋0.1）
		平均値	99.7（－0.2）	101.0（＋1.1）
ばらつき（標準偏差）			0.19	1.84

図 4.7　教育訓練の違いによる qNMR 測定値の比較

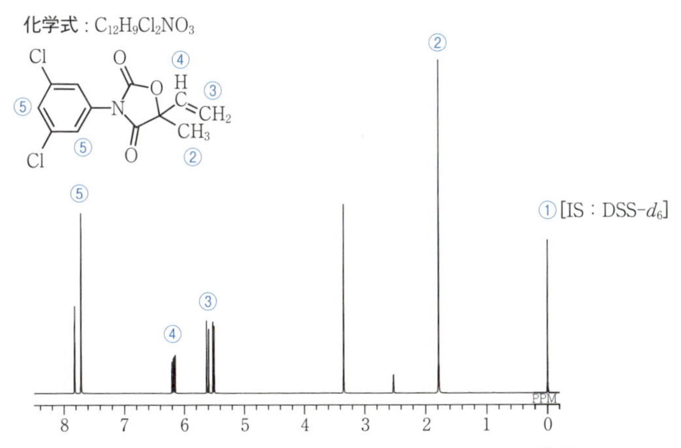

図 4.8　ビンクロゾリンの NMR スペクトルと構造

こんなところにもはかり取りの不確かさ

1）ウルトラミクロ電子天びんは精密器械

一般の化学実験に使用する電子天びんでは，はかりたい物を計量皿に載せ，表示された値を疑うことなく表示値を定量に用いている場合が多い．マイクログラムオーダーまで有効な数値を必要とする場合には，ウルトラミクロ電子天びんを使用するが，これは一般の化学天びん以上に精密な器械として取り扱わなければならない．例えば，NMR装置の前で立ち座り・歩行や会話をしても精確さには何の問題もなく計測が継続できる．しかし，ウルトラミクロの前では，計測中の立ち座りは振動や気流の影響が大きいために論外であり，極端なことを言えば会話をしても，表示値に影響が生じるほど繊細な器械であることを認識してほしい．体温に近い温度の息が計量部や対象物にかかることが原因であり，有機微量分析の現場では，これを防ぐため，操作時にはマスクの着用を推奨している．

2）意外と重要な服装

SOPに定めておくことが望ましい内容に，①服装，②操作姿勢，③使用器具（ピンセット，計量容器）の選択，清掃と清拭，試料の取り扱いが挙げられるが，特に①と②は，ともにはかりに対する人体の輻射熱を防ぐうえで，留意すべきである．ミクロ電子天びんの実技講習でのサンプリングの際に，他の受講者の表示値は安定していたのに，表示値のドリフトが止まらない受講者がいたことが実際例としてあった．その受講者は体格の良い学生で，半袖であったため，輻射熱を疑い，すぐに長袖の白衣を着用してもらったところドリフトが収まった．むき出しの腕をミクロの計量部付近に差し入れるだけで，表示値が安定しなかったのである．このように，服装は一般に配慮されていないことが多いが，ミクロやウルトラミクロの安定したはかり取りに対しては，特に長袖の衣類の効果が大きいことがわかる．また，静電気がはかり取りに影響するため，空気が乾燥する冬期の場合は除電器で防止し，同時にフリースなど保温性の高い衣類は帯電しやすいため着用を避ける．上着として，帯電しにくい綿素材や静電気防止機能のある衣類を着用する必要がある．

とができた．Cは日頃から容器の底や外側にわずかでも分析試料が付着してないかどうかに配慮して，はかり取りを行っているからである．両者の差は教育訓練の有無と経験の差である．精確な試料溶液の調製は，あくまで人間による手作業のため，はかり取りには教育訓練による技術が必要である．

4.2 NMR測定

信頼できる定量分析を行うためには，試料溶液の調製から分析結果の取得にいたるまでの，さまざまな手順に含まれる不確かさの要因を把握しておく必要がある．分析試料や標準物質のはかり取りや試料溶液の調製など，人為的操作に関わるヒューマンエラーを考慮することが必要なのは言うまでもないが，分析に使用される各種装置のパラメータ設定にも，当然ながら不確かさの要因は存在しており，どのような分析条件を使用するかによって，分析結果の信頼性は大きく変わってくる．電子天びんの質量の不確かさははかり取りの不確かさの直接原因となることから影響の大きさをイメージしやすい．一方，近年の一般的なNMRは測定のほとんどすべての部分が自動化され，いわゆるブラックボックス化が進んでいるために，NMR測定が分析結果に与える影響はイメージし難いかもしれない．しかしながらNMR測定においても，データの精確さに影響を及ぼすさまざまな要因を知っておく必要がある．これらの要因は，測定条件，データ処理内容，使用されるNMRの装置特性の三つに大別することができる．

4.2.1 データの精確さに影響を及ぼす測定条件

NMRが最も頻繁に利用されているのは，有機化合物の構造解析であり，その目的においては必ずしも精確な定量性は必要ない．このため，構造解析で一般的に利用されるNMRの測定条件は，定量精度を度外視して測定時間の効率化を図ったものであることが多い．したがって，qNMRでは構造解析のための測定とは異なる条件に設定して測定を行う必要がある．NMRによる定量を目的とした測定条件の設定において最も注意しなければならないのはパルス繰返し時間である．また，測定条件の内，デジタル分解能と取込み時間，レシーバゲインも定量を目的とした場合，重要となるのでその理由を以下に示したので参考にしてほしい．

1)　パルス繰返し時間

核スピンはパルスによって励起された後，次第に熱平衡状態に回復していくが，この過程を緩和と呼び，その時定数を緩和時間と呼ぶ．詳細は成書にゆずるが，定量精度に最も関係の深い緩和時間は，スピン-格子緩和もしくは縦緩和と呼ばれる過程である．核スピンが持つ磁化のz成分（外部磁場方向をzとする）をM_Z（z磁化）としたとき，熱平衡状態のz磁化M_{z0}へと式（4.1）に従って回復していくが，この時定数を縦緩和時間（T_1）と呼ぶ．

$$\frac{dM_z}{d_t} = -\frac{M_z - M_{z0}}{T_1} \tag{4.1}$$

90°パルスによって励起されたz磁化が時間tで熱平衡状態に回復していく過程は式（4.2）で表され，時間tの関数になる．

$$M_z = M_{z0}\left\{1 - \exp\left(-\frac{t}{T_1}\right)\right\} \tag{4.2}$$

溶液NMRにおいてT_1は核スピンの周辺環境や運動性によって異なるため，スペクトル中のそれぞれの信号がそれぞれ異なったT_1を持つ．例外はあるものの，^{1}H NMRにおいて分子量が数百程度の低分子化合物のT_1はほとんどの場合数秒以内である．

パルス繰返し時間（repetition time）とは，積算時にラジオ波パルスによって核スピンを励起する間隔を指す．NMR測定のパラメータとしては，いわゆる「待ち時間」と混同されることがあるが，信号の取込み時間（aquisition time）にも緩和は進行するため，信号の取込み時間と「待ち時間」を合算したものがパルス繰返し時間である（**図4.9**）．

パルス繰返し時間が縦緩和時間に対して不十分であると，熱平衡状態に戻る前に再び励起されてしまうため，核スピンの励起効率が低下することになる．これを飽和（saturation）と呼び，積算時に相対的な信号強度の低下を招く．

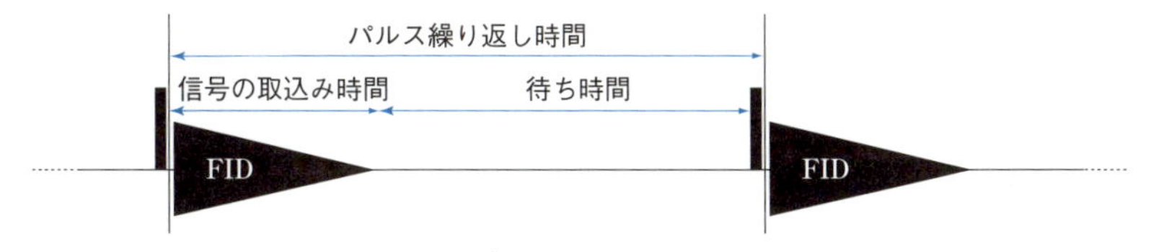

図 4.9　^{1}H NMR のパルス系列

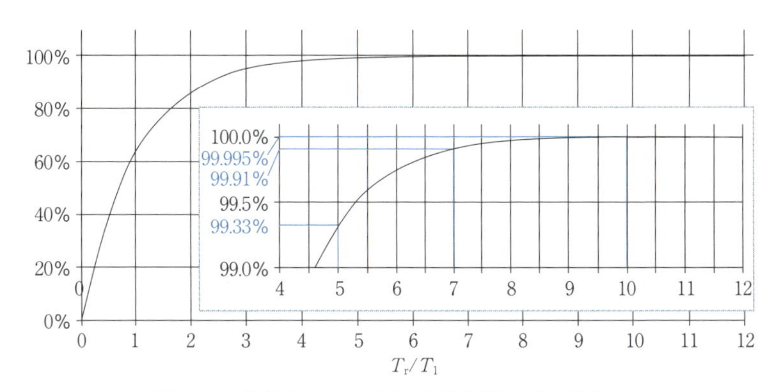

図 4.10　縦緩和による磁化の回復過程とその拡大図

90 度パルスを用いて励起した場合の熱平衡状態への回復過程は T_1 に依存し，前述の式（4.1）による z 磁化の回復過程を示した図 4.10 のように指数関数的に回復していく．

例えば T_1 の 5 倍のパルス繰返し時間 T_r を用いた場合，熱平衡状態の 99.33 % 回復したことになる．すなわち 99.9 %以上回復させようとした場合には，パルス繰返し時間に T_1 の 7 倍以上を設定しなければならない．2 章の手順に従い，T_1 の 10 倍で測定した場合には，99.995 %回復する．

2)　デジタル分解能と取込み時間

NMR 信号はアナログ信号として検出されるが，最終的にアナログ-デジタル変換器（A/D コンバータ）によりデジタル化され，FID 信号がデジタルデータとして取得される（図 4.11）.

FID 信号の持つデータ点数（データポイント）は，フーリエ変換後のスペクトルに反映されるが，このときに周波数で表されるデータ点の間隔をデジタ

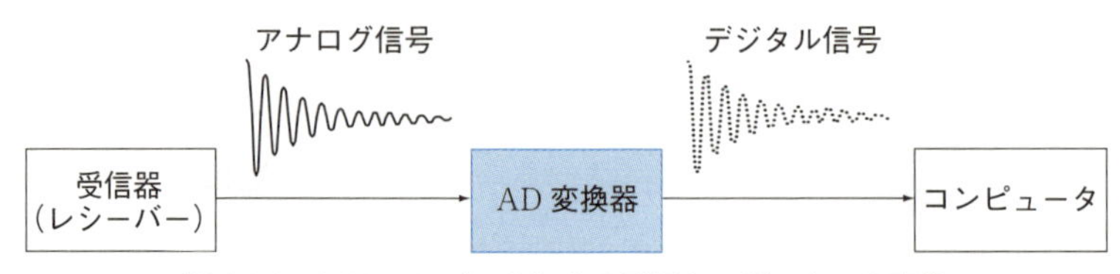

図4.11　A/Dコンバータによるデジタルデータへの変換

ル分解能と呼ぶ．デジタル分解能は測定パラメータとして設定することはなく，データポイント数と観測幅が設定パラメータとなる†17．データポイント数は一般には2のベキ乗になるよう測定パラメータとして設定され，データポイント数は信号の取込み時間と直接の比例関係にあることを知っておきたい†18．

少ないデータポイント数では，フーリエ変換後のスペクトルにおける信号の形状を正しく再現することができない．これにより信号の形状が崩れることをポイント落ちという．qNMRでは各信号の面積を精確に求める必要があるが，信号面積とは各データポイントの強度を合計したものにほかならない．すなわち，信号の形状が正しく再現されていなければ，信号面積の精確さも同時に失われることになる．このため，信号の形状を再現するのに十分なデジタル分解能を達成するデータポイントで信号を取得することが望ましい．しかしながら，データポイント数が大きすぎると，その逆数である取込み時間が長くなる．FIDが減衰しきる取込み時間以上の信号取得は，かえって不要なノイズを取り込んでしまい，SN比を低下させてしまうことになるため，「2.3.3-5）取込み時間の確認」で述べたように適切な取込み時間を確認することが望ましい．

---

†17 デジタル分解能は，観測幅とデータポイント数で決まる．

$$\text{デジタル分解能 (Hz)} = \frac{\text{観測幅 (Hz)}}{\text{データポイント数}}$$

注）デジタルフィルタを使用している場合，上式の計算値から若干の誤差が生じる．

†18 取込み時間はFIDを取り込む時間であり，以下の式で表される．

$$\text{取込み時間 (s)} = \frac{\text{データポイント数}}{\text{観測幅 (Hz)}}$$

注）デジタルフィルタを使用している場合，上式の計算値から若干の誤差が生じる．

つまり，取込み時間はデジタル分解能の逆数で表される．

$$\text{取込み時間 (s)} = \frac{1}{\text{デジタル分解能 (Hz)}}$$

3)　レシーバゲイン

プローブの検出コイルで検出された微弱なNMR信号は，受信器（レシーバ）でデジタル信号として取り込まれるまでの間に増幅される．そのときの増幅の係数がレシーバゲインである．値が大きいほど，増幅率は大きくなる．レシーバゲインは，FID信号がA/Dコンバータの入力範囲を超えない範囲で最大に増幅されることが望ましく，レシーバに取り込まれる信号の強度は測定サンプルによって異なるので，レシーバゲインはサンプルごとに設定する必要がある．レシーバゲインは大きすぎると**図4.12**のようにベースラインが歪んで正しく積分を計算することができない．一方，小さすぎると信号強度の増幅が足りず，SN比を損することになるので適切な値を設定しなければならない．

通常測定（定性的な測定）ではレシーバゲインの設定は自動調整機能（オートゲイン）が使われる．定量測定では予備検討であらかじめ定性的なスペクトルを確認するので，予備検討で調整されたレシーバゲインを使って本測定を行うことができる†19．

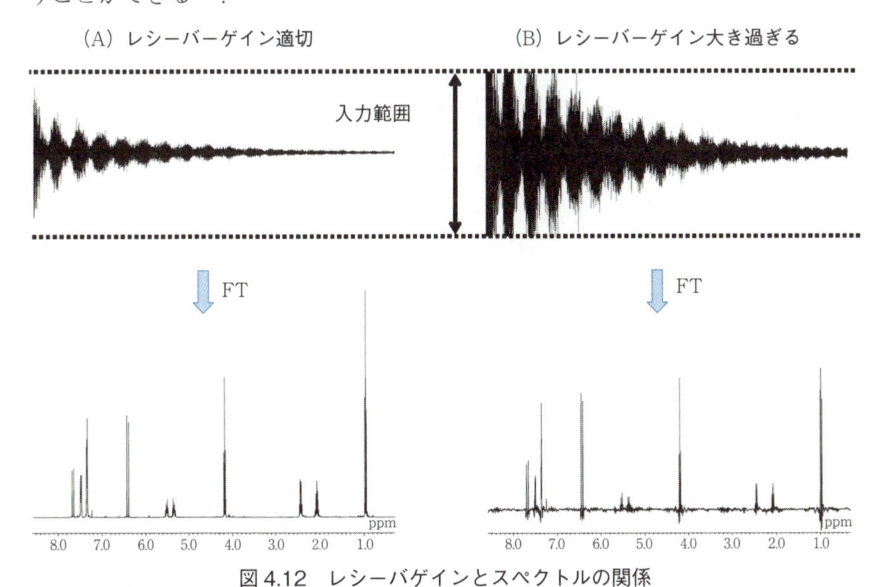

図4.12　レシーバゲインとスペクトルの関係

†19 定量測定では定性測定よりも感度がよくなる傾向があるので，その理由でレシーバゲインが大きくなることも考えられる．その場合は装置上でエラーやスペクトル上でベースラインの歪みが確認されるので，適切かどうかは確認するようにしたほうがよい．

4.2.2 データの精確さに影響を及ぼすデータ処理

NMRで得られたFIDはデータ処理によりスペクトルに変換される．データ処理にはフーリエ変換やウインドウ関数処理，位相補正などが含まれる．それぞれの処理は信号面積に影響を与えるため，定量評価する際には，それぞれの処理内容（ウインドウ関数やゼロフィリングなどの条件）を統一しておく必要がある．ただし，処理条件が一定であったとしても，位相補正は個々のスペクトルごとに適宜行う必要があり，人為的な不確かさが特に発生しやすいので注意が必要である．また，解析処理においては，ベースライン補正や積分の取り方などが人為的な不確かさの発生の原因となることもある．したがって，データの正確さに悪影響を与える要因を最小に抑えるため，これら一連のデータ処理はルールを決めて注意深く行うほうが望ましい．

1)　ゼロフィリング

「4.2.1-2）デジタル分解能と取込み時間」で述べたが，信号のポイント落ちは抑えたいが，取込み時間も長く避けたいというときにはゼロフィリングの利用が効果的である．ゼロフィリングはFIDの後ろに強度ゼロのデータ点を付加する操作だが，これによりFID後のデータ点が増加し，各データ点が補間されるため，見かけ上のデジタル分解能を向上させることができる[†20]．スペクトルが滑らかであれば積分の精確さも向上する（図4.13）．

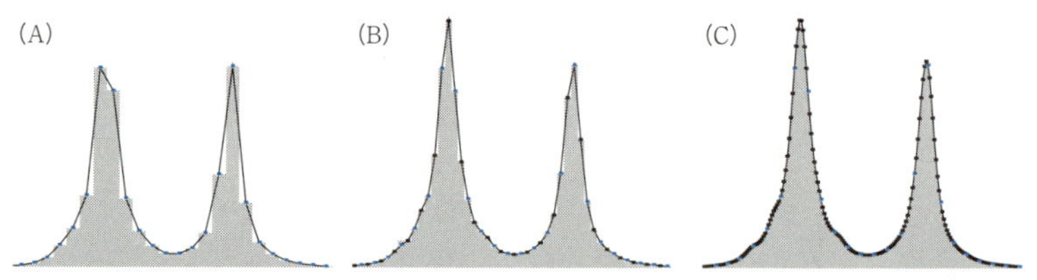

図4.13　ポイント落ちしたデータ(A)，2倍(B)，8倍(C)のデジタル分解能のデータと，それぞれから得られる面積

†20 磁場の均一性由来のいわゆる分解能とデジタル分解能は別物であり，どんなにデジタル分解能を上げても分解能を超えることはできない．

2)　位相

NMR 信号の位相は測定前に明らかではないため，90 度異なる位相の信号を同時に取得することにより，信号取得後の位相補正を可能としている．これを 2 相検波といい，検波された位相のバランスを調整することにより吸収波形と分散波形のそれぞれを取り出すことができる．位相補正と呼ばれるこの操作は，NMR データ処理ソフトウェア上で自動的に行われることが多いが，ノイズの影響などにより微妙な位相ずれが位相補正後のスペクトルに残ることがある．スペクトルの位相が合っていない場合，**図 4.14**(A)のように信号の片側の裾がベースラインより下になる部分が生じてしまう．このように，位相が合っていないスペクトルでは精確な面積を求めるための積分の開始点と終点の設定が困難となり，例えば，ベースラインより上を信号範囲とすると，信号面積は正しく計算されない．このため，定量分析においては，分析対象成分や定量用基準物質の信号が正しい吸収波形，すなわち二等辺三角形になるように注意深く位相補正しなければならない（図 4.14(B)）．

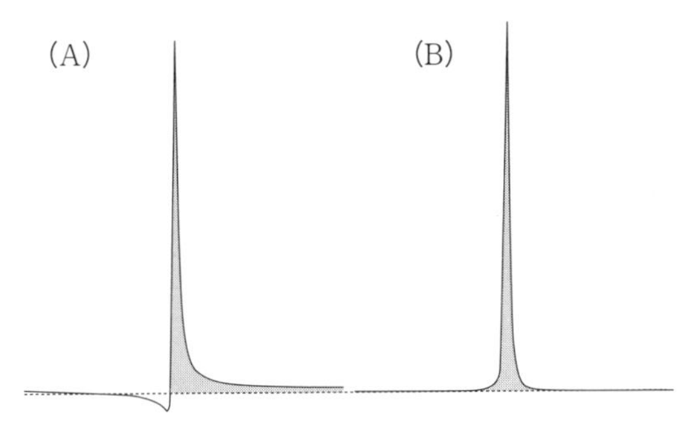

図 4.14　位相があっていない信号(A)とあっている信号(B)

3)　積分範囲の設定

NMR の信号は一般にローレンツ型であり，裾の部分はかなりの幅に広がっているため，積分の開始点と終点を正しくベースラインに設定しないと，精確な面積が得られない．qNMR においては，信号の面積を精確に得ることが極めて重要であり，積分範囲を設定する際には，その開始点と終点に十分に気を配る必要がある．2 章では ^{13}C サテライトを基準として設定しているが，それ以外にも積分範囲の設定の目安として，信号の半値幅を使って設定する方法がある．ローレンツ波形の信号は理論的には半値幅の64倍～128倍がその信号の本来の信号強度である．しかしこのような広い積分範囲は目的以外の信号と重なる可能性があり現実的ではない場合が多い．したがって，積分範囲は目的に応じてルールを設定したうえで一定の条件を適用し，かつ，積分範囲に不純物の信号を含まないように設定するほうが現実的である（図4.15）．

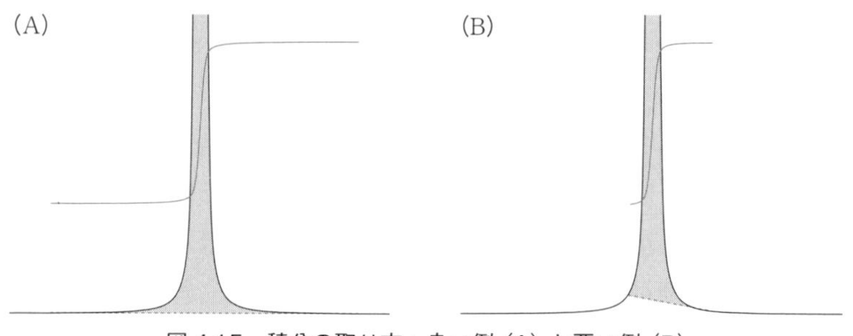

図4.15　積分の取り方：良い例（A）と悪い例（B）

4）　ベースライン補正

通常，ラジオ波パルスの照射と信号の検出は同一のコイルで行われるため，ラジオ波パルスの影響が受信時に漏れ込んでしまうことなどにより，スペクトルのベースラインに歪みを生じてしまうことがある．NMRの実データにおいてベースラインは必ずしも強度軸のゼロを中心としていないことがあるため，信号面積を精確に求めるためには，ノイズの中心を起点とした信号面積を取得する必要がある．したがって，qNMR測定においては，ベースライン補正を行う．ベースライン補正にはさまざまなアルゴリズムがあるため詳細は省くが，通常は“ベースラインと見なされるデータポイント”を補正点として利用して歪みを平坦にする処理を行う．補正点が真にベースラインであれば問題ないが，信号が裾の一部でも補正点に使用されてしまえば，信号の形状が影響を受けて積分面積が正しく評価できなくなってしまう（図4.16）．特にブロードな信号の場合には，信号の裾が補正点となる信号形状に歪みが生じてしまうので，歪みが生じないように信号の外側が補正点となるように設定することが重要である．ベースラインの歪みは，とりもなおさず積分面積に影響を及ぼすの

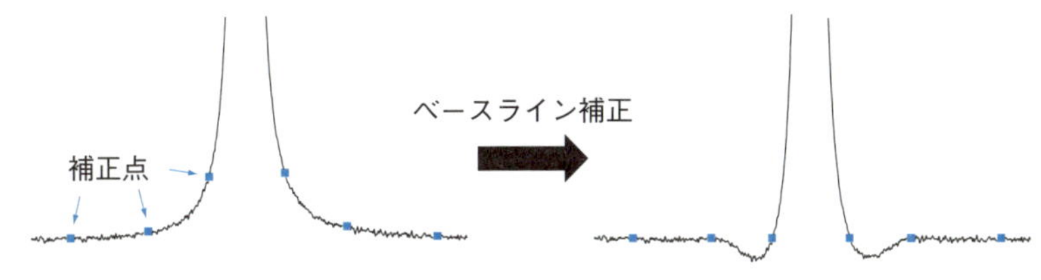

図 4.16　不適切な補正点によるベースライン補正

で一定のルールを決めて慎重に行うほうが望ましい．

4.2.3 データの精確さに影響を及ぼす装置特性

現在一般的に利用されている NMR は超伝導磁石を活用したパルスフーリエ変換（FT）NMR 装置である．FT-NMR 装置は高度にデジタル化されており，メーカーによらずおおむね同等の基本性能を有している．定量分析の結果に及ぼす影響の大きい装置特性としては，主として感度，パルス幅，ダイナミックレンジ，フィルタ特性，分解能などが挙げられる．

1）感度と SN 比

NMR の感度は静磁場強度や検出器（プローブ）によって異なり，一般には高磁場の装置ほど，より高感度で信号を観測することができる．プローブは NMR 装置の技術革新により感度の向上が図られているが，観測対象の核種や試料量に応じて最適なプローブは異なる．NMR で定量分析を行う際には，信号とノイズの比（SN 比）を十分に高く測定し，信号面積を精確に求める必要がある．要求される定量精度にもよるが，不確かさを 1 %以下とするためには，繰返し性の観点から SN 比が 10000 以上になるようにすることが望ましい．

NMR は数ある機器分析の中でも最も感度の低い分析法の一つであり，赤外分光や質量分析と比較して 6 桁～8 桁ほども低感度でしか信号を得ることができない．このため，通常，NMR 測定では，信号を積算することにより SN 比を向上させる．ただし，積算によって向上する SN 比は積算回数の平方根となり，10 倍の SN 比を得るためには 100 倍の積算が必要となる．低感度の装置で，十分な SN 比のスペクトルを得るために，膨大な時間を要することになる．したがって，できるだけ短時間で感度よく，すなわち十分なSN比のスペクトルを得るためには，より高感度のNMR装置を使用するか，分解能に影響しない範囲で試料濃度を上げて測定することが望ましい．

2) パルス幅

パルスフーリエ変換NMRでは，ある周波数を持った電磁波（ラジオ波）をパルス状に試料に照射することによって核スピンを励起し，励起されたスピンがラジオ波として放出するエネルギーを観測する．ところが，ラジオ波パルスは観測したい信号のある領域の周波数範囲全体を均一に励起できるわけでは無い．つまり，各NMR信号の周波数がラジオ波パルスに使用される周波数から離れれば離れるほど，励起される効率が落ちるために信号強度が低下することになる．定量測定においては90°パルスが用いられるのが一般的だが，そのパルス幅はラジオ波の出力強度とプローブの性能に依存する．例えば，400 MHzで10 μsの場合，中心から12.5 ppm離れたところで，99.5 %，25 ppm離れたところで，96.6 %となる．したがって，最も頻繁に利用される ^{1}H NMRでは，信号の観測される化学シフト範囲が10 ppm程度に限られるためさほど問題になることは無いが，多核NMRを使用する場合には注意が必要である．とりわけ ^{19}F NMRなどでは，共鳴周波数が高いうえに化学シフト範囲が極めて広いため，パルス幅の持つ励起帯域の影響は深刻である．

3) ダイナミックレンジ[†21]

実際のNMR測定においては，しばしば大きな信号と小さな信号が共存する．特に内標準法を用いた定量分析では，標準物質と分析試料の混合溶液が使用されるため，両者の濃度差が大きい場合にはダイナミックレンジが問題となる．プローブの検出コイルで検出された微弱なNMR信号は，最終的に受信機でデジタル信号として取り込まれるまでの間に増幅されるが，受信機の入力電圧には限界があるため，最大信号の強度に依存して増幅率（レシーバゲイン）が制限される．特に，受信機の入力電圧の限界を超える信号が存在した場合，

---

†21　識別可能な信号の最大値と最小値の比率．最小値が最大値に対してダイナミックレンジ以下の場合，信号として認識されない．

スペクトル自体がうまく測定できない．また，信号の強度比が受信機のダイナミックレンジを超えてしまうほど極端に異なる場合，小さな信号はノイズに埋もれて観測することが不可能になる．大きな信号と小さな信号が共存する場合，信号の増幅率はスペクトル中の最大信号に依存するため，デジタルポイントの関係もあり小さな信号が十分に増幅されないこともある．今日のNMR装置は十分なダイナミックレンジを有しており，内標準法を用いる場合には，それぞれの信号強度がある程度異なっていたとしても問題となることはないと予想されるが，極端なケースでは，このような問題を生じることを念頭においておくべきである[†22]．したがって，内標準法を用いる場合は，分析対象成分と定量用基準物質のどちらかの信号強度が極端に大きくなるのを避け，できるだけ同程度となるように試料溶液を調製することが望ましい．さらに，重水素化溶媒中に含まれる軽溶媒信号（試薬の重水素化率が高いほど現れにくい）や不純物としての水（特にジメチルスルホキシドの場合）の信号が予想以上に強い信号強度であることもあるので，使用する重水素化溶媒にも注意したほうがよい．

4）フィルタ特性

プローブで検出されるラジオ波は，取得したい領域の周波数成分のみしか持たないわけではなく，無限の周波数成分を含んでいることになるので，信号の取得の前に帯域フィルタ処理することで，観測領域外の周波数成分を取り除かれている．今日のNMR装置では，アナログフィルタとデジタルフィルタが併用されており，どのようなフィルタを使用したとしても，観測されるスペクトルにはフィルタの通過特性の影響が必ず含まれることになる．帯域フィルタは一般に観測中心付近は平坦だが，通過帯域の端に近づくほど平坦さが失われるため，分析対象の信号がスペクトルの両端にあまり近づかないように観測範囲（通常の2倍程度）を指定することが望ましい．特にデジタルフィルタが併用

†22　ダイナミックレンジを考慮すると，内標準法を用いる場合は分析対象成分と定量用基準物質の信号強度ができるだけ同程度となるように試料溶液を調製することが望ましい．また，重溶媒あるいは分析試料中の軽溶媒は予想以上に大きな信号強度を持つこともあるので注意したい．

されていない装置では，スペクトルの両端に現れる影響が顕著となるため，通常より広い観測範囲（通常の2倍から4倍以上）で測定して影響を回避する必要がある．このような理由で，2章，表2.2 定量測定の条件の例で示したように観測範囲を −5 ppm〜15 ppm（20 ppm 以上）に設定しており，日本薬局方でもこの定量条件を規定している．

5)　分解能とスピニングサイドバンド

分解能調整が適切でないと各信号の形状が歪みを生じるため，特に信号の裾が広がってしまった場合には正しい信号面積を求めにくくなるので，シム調整を十分に行い高分解能の qNMR スペクトルを得るように心がけるようにしたい（図4.17）．

qNMR 測定では多くの場合，表2.2 に示すように試料管を静置した状態で測定が行われている．これは試料回転をしたときに現れるスピニングサイドバンド（SSB）を回避する目的である．

試料管を 10〜15 Hz 程度の速度で回転させると，xy 平面方向の磁場の不均一性が平均化され，より高い分解能で信号を得ることができる．ただし，このとき，もともとある xy 平面方向の磁場の不均一性が高い場合，各信号から試料の回転数と同じ周波数離れた位置に現れるノイズ（SSB）が生じることがある（図4.18）．信号の面積強度は SSB にも分散されるため，定量分析において対象となる信号の SSB を積分範囲内に納めなくてはならない．また，SSB 付近に不純物の信号が観察される場合，それが SSB に由来するのか不純物に由来するのかの判定が難しい．このように試料管を回転させると分解能が向上する一方で，定量分析の際に考慮しなくてはならない問題も生じる．これらの

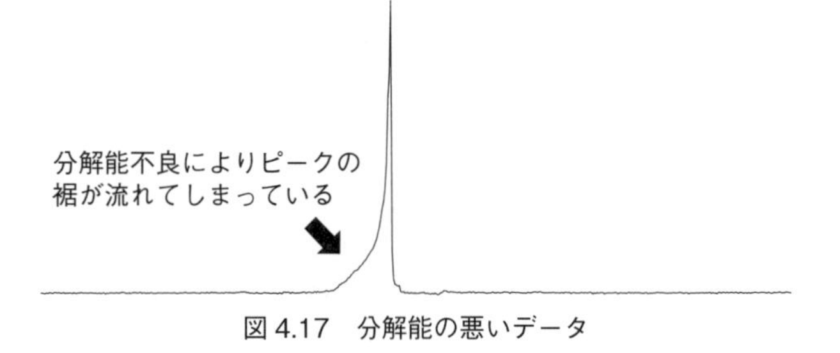

図4.17　分解能の悪いデータ

qNMRにはどれ位の分解能が必要？

NMRの外部磁場を作る磁石には，超伝導磁石や永久磁石が用いられ，強力な磁場を用いるほど，感度と分解能が高くなる．超伝導磁石を用いてより強力な磁場を発生させた装置が開発され，微量の化合物やタンパク質の構造解析に役立っている．一方，永久磁石を用いた卓上型NMRも合成中間体や低分子量の化合物の構造確認や品質管理に用いられている．このため，NMRとしては60 MHz～800 MHz程度のさまざまな分解能の装置が存在している．

図には，60 MHzと600 MHz NMRの酢酸エチルのトリプレットのメチル基の信号を示した．スペクトル幅は分解能に反比例して広くなるため，60 MHzのNMRで得られるメチルプロトンの信号は，スペクトル幅が10倍広くなり，その幅は0.5 ppm程度になる．仮に，不純物の信号が1.1 ppmにあるとき，600 MHzのNMRでは分離できるが，60 MHzのNMRでは完全に重なってしまい，このメチル基の信号から求めた定量値は不純物の信号の分だけ大きくなってしまう．

このようにNMRの分解能が低いとそれに反比例して正しくない定量値が求められる確率が高くなるので，この点を注意しておく必要がある．化合物の純度や混合物中の成分の含量を精確に求める場合には，不純物の影響を受けないように可能な限り分解能が高いほうがよく，少なくとも400 MHz以上の磁場を持つNMRの装置を用いることを奨めたい．

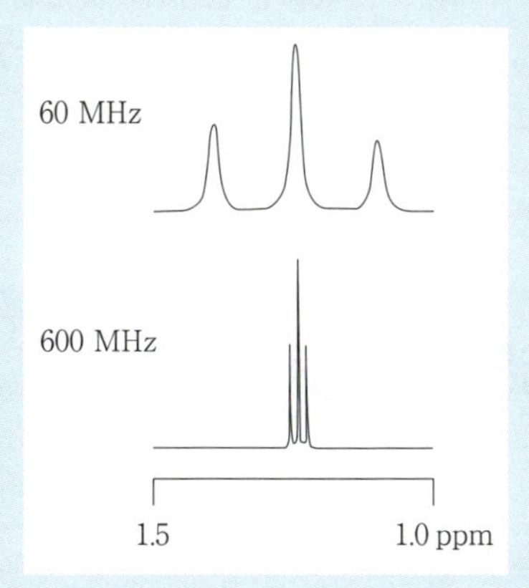

60 MHz，600 MHz NMRにおける酢酸エチルのメチルプロトンの信号パターン

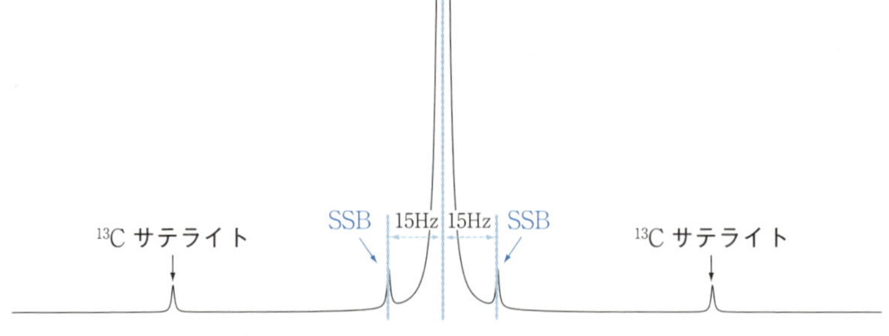

図 4.18　試料回転速度 15 Hz で現れた SSB

問題を回避するため，多くの報告で回転しない方法が採用されており，日本薬局方では回転しない方法が規定されている．

以上のことから，本書では回転しない方法を採用しているが，回転を停止して測定した後，その試料管を回転させて測定し，両者で得られたスペクトルを比較するとシム調整が十分であるかどうかを確認できるので紹介しておく．

前述したように，xy 平面方向の磁場の不均一性が高い場合には，試料管回転時に SSB が現れるが，そうでない場合は，本質的に SSB は現れない．試料管回転時に SSB が現れないのであれば，シム調整が十分になされ，回転停止時の分解能は十分であり，線形不良はないと判断できる．いずれの場合にも積分範囲を設定する分析者の操作に依存して結果が異なる可能性があるため，仮に試料管回転時に SSB が観察される場合は，シム調整が十分ではないと判断し，xy 平面方向のシム調整を再度行い，SSB が現れないことを確認するとよい．

4.3 測定結果の評価

qNMR の利点は，スペクトル上に観察される定量用基準物質の信号と分析対象成分の信号面積比から定量値を求める方法である．定量用基準物質に加えて，分析対象成分の信号のうち一つでも純粋で安定な信号を観察することができれば，不純物や夾雑物が共存していても，それらの影響を受けずに精確な定量値を求めることができる．一方で，このことは弱点にもなることに注意して実験系を組み立てておくほうがよい．ここでは，これらの問題により生じる解析結果への影響やその確認の方法をいくつか挙げてみた．

4.3.1 信号選択

分析対象成分の信号は，多くの場合，一つではなく複数である．定量結果の精確さを確保するには，複数の信号の値を平均したほうがよいが，見た目に明らかに不純物と思われる信号が重なっていると不可能である．さらにやっかいなのは，選択したものの果たしてそれが不純物を含まないのかどうかという不安は，分離分析ではないqNMRの性質上，分析者が気になる点である．ここでは，標準的な解析作業としてどのようにするのかを整理した．

1)　すべての信号の結果を比較してみよう！

分析対象成分の信号が複数ある場合は，すべての信号に対して定量結果をまず確認してみよう．複数の信号から得られた定量値を比較する．「2.3.4-4）純度の算出」のところでも述べたが，それぞれの信号において繰返し測定から得られる定量値の標準偏差を求め，これを2倍した範囲で定量値の上限値と下限値を規定したとき（正規分布であれば約95％の範囲に相当），複数の信号から得られる定量値が規定の範囲内で重なれば，いずれの信号も妥当な値を示していると考えておおむね問題ないため，それらの相加平均を分析対象成分の測定値とするとよい．ただし，これは分析対象成分の純度（あるいは含量）がおおむね98％以上であるときに限る．分析対象成分の純度（あるいは含量）が低いときには，不純物の信号が分析対象成分の信号と重なるなどにより，複数の信号から得られた定量値に大きなばらつきが生じることがあるので，不純物の信号の重なりが懸念される信号を除いて分析対象成分の測定値と考えるべきである．

2)　分析対象成分に対する情報を活用してみよう！

定量値のばらつきが大きく，明らかな不純物が確認できないとき，信号の選択が必要となる．分析対象成分が合成物あるいは天然物有機化合物かなどさまざまなケースがあると思うが，予想される不純物情報があればそれを考察に引用しよう．例えば，「5.6.6-1）定量対象信号の決定」に記載されているように，分析試料における分析対象成分の類縁体，溶媒，標準物質由来の不純物などに注意したい．さらに，不純物信号のオーバーラップを避けるにはできるだけシンプルなシングレットやダブレットの信号を選択するほうがよい．

3）不純物を確認してみよう！

複数の信号のうち，いずれかの信号における定量値が有意に高い場合は，スペクトル上では分離できない不純物の信号が重なっている可能性が高いと考えられる．その際には，分離できない不純物の信号が重なっている可能性を十分に検討したうえで，定量値が有意に高い積分範囲を使用するかどうか判断してほしい．まず，十分なSN比が得られるまで積算して不純物に由来する信号が積分範囲にあるかないかを確認することが重要である．次に，分離できない不

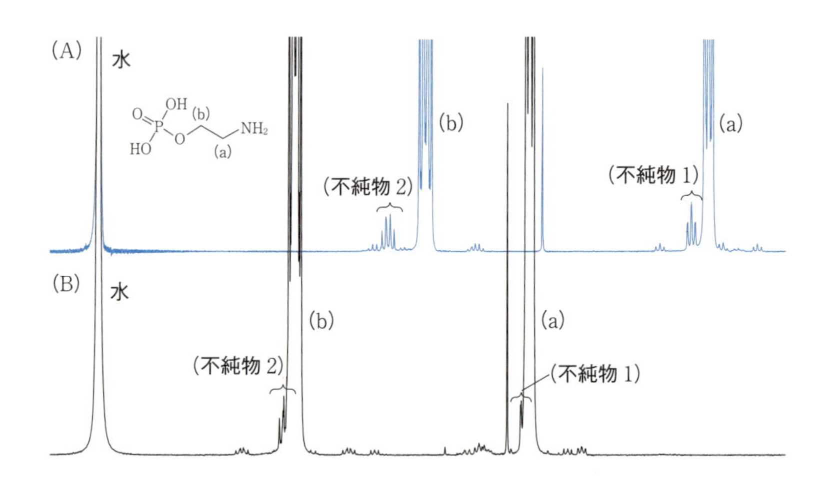

図 4.19　異なる種類の溶媒を用いたスペクトルの比較

O-ホスホエタノールアミンの重水溶液のスペクトル(B)ならびに1 mol/L重水素化ナトリウム重水溶液のスペクトル(A)を示す．前者のスペクトルでは*O*-ホスホエタノールアミンの信号に不純物1および2の信号が重なる．後者のスペクトルではこれら不純物の信号が分離される．

純物の信号の重なりを検討する方法としては，

① NMR法で用いる溶媒や測定温度を変えて不純物の信号が分離されるかどうか確かめる方法（図4.19）
② クロマトグラフ法（例えばGC/MS法やLC/MS法）で分析対象成分に伴う不純物を定性し，同定された不純物の試薬を入手して試料溶液に一定量添加してNMRスペクトルを取得することで，不純物の信号が分析対象成分の信号に重なるかどうかを確かめる方法（図4.20）
③ 2次元NMR測定により確認する方法[7] などがある．

一方，分析対象成分の信号に関する積分範囲が一つのみである場合は，積分範囲ごとの定量値を比較することができないため，上述した①の方法のように複数の種類の溶媒を用いたスペクトルを比較し，スペクトル上では分離できな

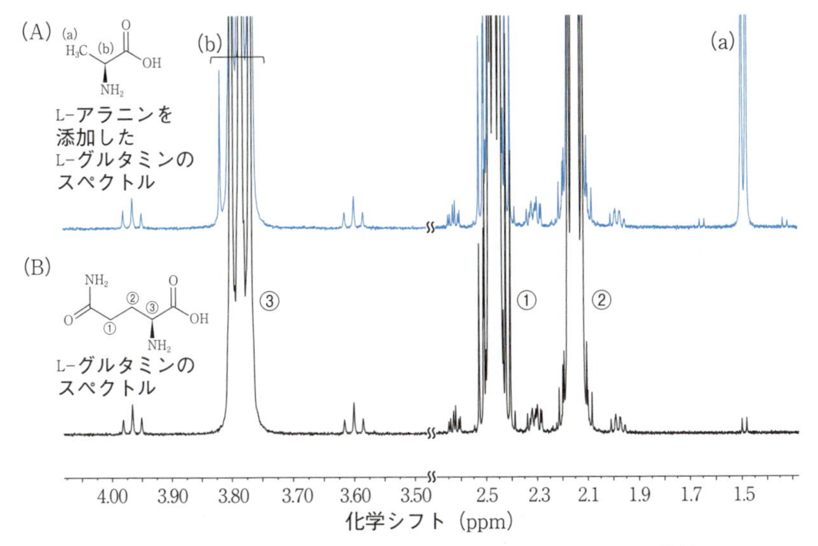

図4.20　不純物試薬を一定量添加する前後でのスペクトル比較

L-グルタミンの重水溶液のスペクトル(B)ならびにL-アラニンの重水溶液のスペクトル(A)を示す．本試料のL-グルタミンには不純物としてL-アラニンが含まれるが，両スペクトルの比較から，L-グルタミンのCH基由来の信号③にはL-アラニンのCH基由来の信号（b）が重なることがわかる．

い不純物が重なっているかどうか確認することを奨める．

4.3.2 複数の標準物質による定量値のクロスチェック

qNMRでは，純度もしくは濃度既知の定量用基準物質の信号を基準として分析対象成分との信号の比から定量値を求めているので，定量用基準物質の純度もしくは濃度は正確である必要がある．とは言え，純度既知の標準物質が精密に秤量されているか，濃度が正確であるかなどは不安になるところでもある．内標準法の場合は試料溶液を繰返し調製することによって，この不安は除くこともできるが，用いた標準物質固有の問題が解消されないこともある．そこで，有効なクロスチェックの方法があるのでここで紹介しよう．

qNMRの測定結果がより正しく導かれていることを証明するためには，複数の標準物質を用いて測定してみるとよい（図4.21）．例えば，SIトレーサビリティが保証された標準物質A，B，C…を用いて，qNMRの測定を行うと用いた定量用基準物質の数だけ異なる独立した定量値が得られる．これらの定量値が，不確かさの範囲で一致すれば，得られた結果は信頼性の高い定量値を示していることになる．一方，定量値が不確かさの範囲で一致しなければ，試料溶液の調製，測定および解析の過程に何らかの問題が存在することを疑うこととなる．

ここでは内標準法によりクロトン酸エチルの純度測定を行った例を示した

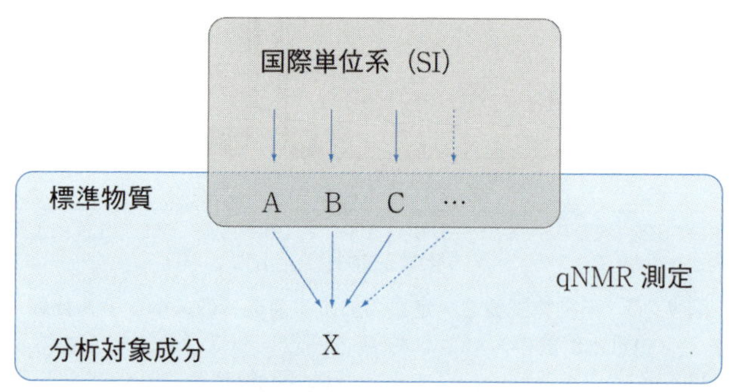

図4.21　複数の定量用基準物質を用いたqNMRで得られる測定値のクロスチェックの方法

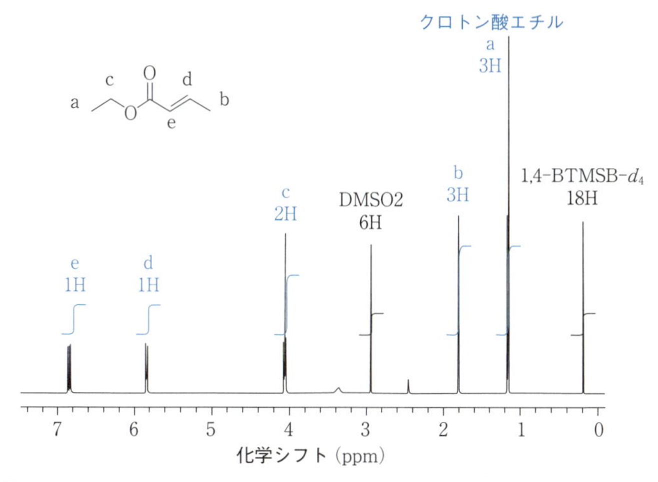

図 4.22　DMSO2 と 1,4-BTMSB-d_4 を用いたクロトン酸エチルの純度のクロスチェック

DMSO2 と 1,4-BTMSB-d_4 の信号からクロトン酸エチルの a〜e の信号についてそれぞれ純度を求め比較する.

（図 4.22）．この例では，試料溶液中に定量用基準物質としてジメチルスルホン（DMSO2）と 1,4-BTMSB-d_4 の二つの標準物質を加えて，これら定量用基準物質のシグナルからクロトン酸エチルの a〜e のシグナルについて純度を求め，両者が一致することを確認している．一つの試料溶液中に二つの標準物質を加えて測定したが，DMSO2 のみ，1,4-BTMSB-d_4 のみを加えて二つの試料溶液を調製し，それぞれについて測定したとき得られた二つの結果が一致することを確認する方法もある．このように複数の標準物質を用いたクロスチェックを行うことによって堅牢な結果が得られるので試してみるとよい．

 4.3.3 不確かさの見積もり

「2.3.5-1）主要な要因における不確かさの算出」では，実験結果から相対標準偏差を算出するだけで「2.3.1 目標の設定」において定めた目標が達成できたか否かを簡単に確認することができる方法を述べた．ここでは，目標が達成できたか否かをより正しく確認するために，2 章で述べた主要な要因である（4.3）式における分析対象成分の純度 P_A に関わる繰返し測定から得られる純

度 P_A の不確かさ，複数の信号から得られる純度 P_A の不確かさ，複数の試料調製から得られる純度 P_A の不確かさに加え，定量用基準物質の純度 P_R の不確かさの厳密な評価方法，さらには（4.3）式における他の要因における不確かさの厳密な評価方法について述べる．なお，（4.3）式における分析対象成分および定量用基準物質の信号面積 I_A，I_R の不確かさについては，両者の比として繰返し測定から得られる純度 P_A の不確かさに含まれると考えられるため，別途評価する必要はない．

$$P_A = \left(\frac{H_R}{H_A}\right)\left(\frac{I_A}{I_R}\right)\left(\frac{M_A}{M_R}\right)\left(\frac{W_{RM}}{W_{AS}}\right)P_R \tag{4.3}$$

なお，式中における P は純度，I は信号面積，H は信号面積に寄与する ^{1}H 核の個数，W ははかり取った質量，M はモル質量をそれぞれ示し，添え字の AS は分析試料，A は分析対象成分，RM は標準物質，R は定量用基準物質をそれぞれ示す．

1）　各要因における不確かさの算出

「2.3.5-1）主要な要因における不確かさの算出」において用いた，試料調製を3回，繰返し測定を3回，分析対象成分の信号を3個とした場合の純度算出の結果を例に，各要因における不確かさの評価方法を述べる．

a．繰返し測定から得られる純度の不確かさ

表 4.6 に，繰返し測定から得られる純度の不確かさを算出するための計算表の例を示す．

特定の試料溶液における特定の信号に着目し，測定ごとの純度から着目した信号の平均純度を求め，その相対標準偏差を算出する．すなわち，表 4.6 の場合では，過小評価を避けるために最も大きな値を示す相対標準偏差を採用すると，試料溶液1における信号1の平均純度の相対標準偏差の値（セル A）であり，

相対標準偏差 ≒ 0.24（%）

となる．これをすべての繰返し測定から得られる不確かさとするには，全デー

表 4.6　繰返し測定から得られる純度の不確かさを算出するための計算表の例（表 2.3 再掲）

		測定 1	測定 2	測定 3	各信号	
					平均純度（kg/kg）	相対標準偏差（%）
試料溶液 1	信号 1	0.9955	0.9913	0.9953	0.9940	A　0.2363
	信号 2	0.9990	0.9963	0.9982	0.9978	0.1400
	信号 3	0.9930	0.9939	0.9960	0.9943	0.1553
試料溶液 2	信号 1	0.9938	0.9975	0.9951	0.9955	0.1877
	信号 2	0.9950	0.9964	0.9948	0.9954	0.0856
	信号 3	0.9943	0.9929	0.9936	0.9936	0.0700
試料溶液 3	信号 1	0.9977	1.0003	0.9980	0.9986	0.1442
	信号 2	1.0000	1.0008	1.0009	1.0006	0.0474
	信号 3	0.9987	0.9996	1.0011	0.9998	0.1197

分析対象成分が殺虫剤成分であるカルボフラン，定量用基準物質が 1,4-BTMSB-d_4 である場合の純度算出の結果（一部改変）を示す．分析試料約 10 mg，標準物質約 1.5 mg をそれぞれ目標採取量として，ウルトラミクロ天びんを用いてはかり取りを行った．なお，風袋には質量が約 20 mg のアルミニウム製のものを用いた．上表は「2.3.5-1）主要な要因における不確かさの算出」において用いた表 2.3 と同一である．

タ数の平方根で割り，相対標準不確かさとする．すなわち，表 4.6 の場合では，算出した相対標準偏差の値を全データ数（試料溶液の個数 3 × 繰返し測定の回数 3 × 信号の個数 3）の平方根である $\sqrt{27}$ で割り，

$$\text{相対標準不確かさ} = \frac{\text{相対標準偏差}}{\sqrt{\text{全データ数}}} = \frac{0.24}{\sqrt{27}} \fallingdotseq 0.05\ (\%)$$

となる．なお，ここで算出した繰返し測定から得られる純度の不確かさを常時使用したい場合は，日常的に評価する全データ数で割ることで，同じ条件（ただし，それぞれの回数は変更してよい）で調製，測定および解析を行う試料溶液に限り適用することができる．

b. 複数の信号から得られる純度の不確かさ

表 4.7 に，複数の信号から得られる純度の不確かさを算出するための計算表の例を示す．なお，表中における各信号の平均純度は表 4.6 で求めた値である．

特定の試料溶液に着目し，信号ごとの平均純度から着目した試料溶液の平均純度を求め，その相対標準偏差を算出し，相対標準不確かさとする．すなわ

表 4.7　複数の信号から得られる純度の不確かさを算出するための計算表の例（表 2.4 再掲）

		各信号	各試料溶液	
		平均純度（kg/kg）	平均純度（kg/kg）	相対標準偏差（%）
試料溶液 1	信号 1	0.9940	0.9954	B 0.2125
	信号 2	0.9978		
	信号 3	0.9943		
試料溶液 2	信号 1	0.9955	0.9948	0.1058
	信号 2	0.9954		
	信号 3	0.9936		
試料溶液 3	信号 1	0.9986	0.9997	0.0962
	信号 2	1.0006		
	信号 3	0.9998		

上表は「2.3.5-1）主要な要因における不確かさの算出」において用いた表 2.4 と同一である.

ち，表 4.7 の場合では，過小評価を避けるために最も大きな値を示す相対標準偏差を採用すると，試料溶液 1 の平均純度の相対標準偏差の値（セル B）であり，

相対標準不確かさ ＝ 相対標準偏差 ＝ 0.21（%）

となる．なお，ここで算出した複数の信号から得られる純度の不確かさでは，分析対象成分の異なる信号間には無視できないかたより成分が含まれる場合があり，これら信号の平均値が最も確からしい値を示すと考えて正規分布を仮定しているため，信号ごとの平均純度から得られる相対標準偏差を用いている．

c. 複数の試料調製から得られる純度の不確かさ

表 4.8 に，複数の試料調製から得られる純度の不確かさを算出するための計算表の例を示す．なお，表中における各試料溶液の平均純度は表 4.7 で求めた値である．

試料溶液ごとの平均純度から全試料溶液の平均純度を求め，その相対標準偏差を算出する．すなわち，表 4.8 の場合では，セル C であり，

表 4.8　複数の試料調製から得られる純度の不確かさを算出するための計算表の例（表 2.5 再掲）

	各試料溶液	全試料溶液	
	平均純度（kg/kg）	平均純度（kg/kg）	相対標準偏差（%）
試料溶液 1	0.9954	0.9966	C 0.2663
試料溶液 2	0.9948		
試料溶液 3	0.9997		

上表は「2.3.5-1）主要な要因における不確かさの算出」において用いた表 2.5 と同一である．

$$\text{相対標準偏差} \fallingdotseq 0.27\ (\%)$$

となる．これをすべての試料調製から得られる純度の不確かさとするには，試料溶液の個数の平方根で割り，相対標準不確かさとする．すなわち，表 4.8 の場合では，算出した相対標準偏差の値を試料溶液の個数の平方根である $\sqrt{3}$ で割り，

$$\text{相対標準不確かさ} = \frac{\text{相対標準偏差}}{\sqrt{\text{試料溶液の個数}}} = \frac{0.27}{\sqrt{3}} \fallingdotseq 0.16\ (\%)$$

となる．なお，ここで算出した試料調製から得られる純度の不確かさを常時使用したい場合は，日常的に調製する試料溶液の個数で割ることで，同じ条件（ただし，それぞれの回数は変更してよい）で調製，測定および解析を行う試料溶液に限り適用することができる．

d.　定量用基準物質の純度の不確かさ

定量用基準物質として用いた標準物質の認証書に記載される認証値の不確かさを参照する．標準物質の認証書に拡張不確かさが記載されている場合は，これを併記されている包含係数で割って標準不確かさとする．すなわち，表 4.6 で示した測定例の場合では，定量用基準物質として用いた標準物質（1,4-BTMSB-d_4）の認証値の拡張不確かさ 0.0030 kg/kg を包含係数 $k = 2$ で割り，

$$標準不確かさ = \frac{拡張不確かさ}{2}$$

$$= \frac{0.0030}{2}$$

$$= 0.0015\ (\mathrm{kg/kg})$$

となる．得られた標準不確かさを定量用基準物質として用いた標準物質の認証値で割ることで相対標準不確かさとする．すなわち，表4.6で示した測定例の場合では，求めた標準不確かさを定量用基準物質として用いた標準物質（1,4-BTMSB-d_4）の認証書に記載された認証値である0.9980 kg/kgで割り，

$$相対標準不確かさ = \frac{標準不確かさ}{認証値} \times 100$$

$$= \frac{0.0015}{0.9980} \times 100$$

$$\fallingdotseq 0.15\ (\%)$$

となる．

e. 天びんの指示値の不確かさ

用いる天びんの校正証明書において，校正結果に記載される不確かさを参照する．用いる天びんの校正証明書に拡張不確かさが記載されている場合は，これを併記されている包含係数で割って標準不確かさとする．すなわち，表4.6で示した測定例の場合では，過小評価を避けるために各指示値より大きな値となる荷重の不確かさを参照すると，いずれも50 mg荷重の拡張不確かさである0.0046 mgを，包含係数$k = 2$で割り，

$$標準不確かさ = \frac{拡張不確かさ}{2}$$

$$= \frac{0.0046}{2}$$

$$= 0.0023\ (\mathrm{mg})$$

となる．得られた標準不確かさを天びんの指示値となるはかり取った分析試料の質量 W_{AS} および標準物質の質量 W_{RM} でそれぞれ割ることで相対標準不確かさとする．すなわち，表 4.6 で示した測定例の場合では，過小評価を避けるために試料溶液の調製においてはかり取った質量のそれぞれ最小値である 10.4561 mg，1.5876 mg でそれぞれ標準不確かさを割り，相対標準不確かさはそれぞれ

$$\text{相対標準不確かさ} = \frac{\text{標準不確かさ}}{\text{はかり取った分析試料の質量}} \times 100$$

$$= \frac{0.0023}{10.4561} \times 100$$

$$\fallingdotseq 0.02\ (\%)$$

$$\text{相対標準不確かさ} = \frac{\text{標準不確かさ}}{\text{はかり取った標準物質の質量}} \times 100$$

$$= \frac{0.0023}{1.5876} \times 100$$

$$\fallingdotseq 0.14\ (\%)$$

となる．

f. 分析対象成分および定量用基準物質のモル質量の不確かさ

分析対象成分および定量用基準物質のモル質量 M_A，M_R を求める際に，構成する各原子の標準不確かさをそれぞれ算出する．すなわち，表 4.6 で示した測定例の場合では，分析対象成分の分子式が $C_{12}H_{15}NO_3$，定量用基準物質の分子式が $C_{12}H_{18}D_4Si_2$ であるので，例えば原子量に関する IUPAC のテクニカルレポート[8] の Table 6 および同位体組成に関する IUPAC のテクニカルレポート[9] を参照すると，C の原子量が 12.011，H の原子量が 1.008，N の原子量が 14.007，O の原子量が 15.999，Si の原子量が 28.085，D の原子量が 2.0141017779 であるから，分析対象成分および定量用基準物質のモル質量

M_A，M_R はそれぞれ

$$M_A = 12.011 \times 12 + 1.008 \times 15 + 14.007 \times 1 + 15.999 \times 3$$

$$= 221.256 \ (\text{g/mol})$$

$$M_R = 12.011 \times 12 + 1.008 \times 18 + 2.0141017779 \times 4 + 28.085 \times 2$$

$$= 221.502 \ (\text{g/mol})$$

となる．ここで，分析対象成分および定量用基準物質のそれぞれ構成する各原子の原子量の上限値および下限値を参照し，これを一様分布と仮定してそれぞれ標準不確かさを求め，原子の個数を乗じたうえでこれらを二乗して足し合わせることで，それぞれのモル質量の標準不確かさを算出する．すなわち，C，H，N，O，Si の上限値から下限値の範囲はいずれも 0.002 であり，D の上限値から下限値の範囲は 0.0000000012 であるため，これらを $2\sqrt{3}$ で割った値を標準不確かさとして，原子の個数として分析対象成分は C = 12，H = 15，N = 1，O = 3 を，定量用基準物質は C = 12，H = 18，D = 4，Si = 2 をかける．したがって，分析対象成分および定量用基準物質のモル質量 M_A，M_R の標準不確かさはそれぞれ

標準不確かさ

$$= \sqrt{\left(\frac{0.002}{2\sqrt{3}} \times 12\right)^2 + \left(\frac{0.002}{2\sqrt{3}} \times 15\right)^2 + \left(\frac{0.002}{2\sqrt{3}} \times 1\right)^2 + \left(\frac{0.002}{2\sqrt{3}} \times 3\right)^2}$$

$$\fallingdotseq 0.011$$

標準不確かさ

$$= \sqrt{\left(\frac{0.002}{2\sqrt{3}} \times 12\right)^2 + \left(\frac{0.002}{2\sqrt{3}} \times 18\right)^2 + \left(\frac{0.0000000012}{2\sqrt{3}} \times 4\right)^2 + \left(\frac{0.002}{2\sqrt{3}} \times 2\right)^2}$$

$$\fallingdotseq 0.013$$

となる．得られた標準不確かさを分析対象成分および定量用基準物質のモル質

量 M_A，M_R でそれぞれ標準不確かさを割り，相対標準不確かさはそれぞれ

$$\text{相対標準不確かさ} = \frac{\text{標準不確かさ}}{\text{分析対象成分のモル質量}} \times 100$$

$$= \frac{0.011}{221.256} \times 100$$

$$\fallingdotseq 0.0005\ (\%)$$

$$\text{相対標準不確かさ} = \frac{\text{標準不確かさ}}{\text{定量用基準物質のモル質量}} \times 100$$

$$= \frac{0.013}{221.502} \times 100$$

$$\fallingdotseq 0.0006\ (\%)$$

となる．

g. 分析対象成分および定量用基準物質の信号面積に寄与する ^{1}H 核の個数の不確かさ

表 4.6 で示した測定例の場合では，純度評価に用いる分析対象成分の信号面積および定量用基準物質の信号面積に寄与する ^{1}H 核の個数はそれぞれ 14 個および 18 個として計算しているが，^{1}H 天然存在比から ^{1}H 核の個数の不確かさを考える必要がある．例えば，同位体組成に関する IUPAC のテクニカルレポート[9] から ^{1}H 天然存在比の下限値を参照し，上限値を 1 とした範囲における一様分布を仮定すると，その範囲を $2\sqrt{3}$ で割ることで，分析対象成分および定量用基準物質の信号に寄与する ^{1}H 核 1 個あたりの相対標準不確かさを算出する．すなわち，^{1}H 天然存在比の下限値は 0.99984421 であるので，分析対象成分および定量用基準物質の信号に寄与する ^{1}H 核の相対標準不確かさはいずれも

$$\text{相対標準不確かさ} = \frac{\text{一様分布の範囲}}{2\sqrt{3}} \times 100$$

$$= \frac{1 - 0.99984421}{2\sqrt{3}} \times 100$$

$$\fallingdotseq 0.004\ (\%)$$

となる．

2)　不確かさの合成

得られた各要因の相対標準不確かさが互いに独立であると仮定して，相対標準不確かさをそれぞれ二乗して足し合わせて，測定値の不確かさとして，相対合成標準不確かさを算出する．すなわち，表4.6で示した測定例の場合では，

相対合成標準不確かさ

$$= \sqrt{0.05^2 + 0.21^2 + 0.16^2 + 0.15^2 + 0.02^2 + 0.14^2 + 0.0005^2 + 0.0006^2 + 0.004^2 + 0.004^2}$$

$$\fallingdotseq 0.34\ (\%)$$

となる．その後，得られた相対合成標準不確かさに包含係数 k（データ数が10以上の場合は，通常 $k = 2$ と考えてよい）を乗じて拡張不確かさを算出する．すなわち，表4.6で示した測定例の場合では，

拡張不確かさ ＝ 相対合成標準不確かさ × 2

$$= 0.34 \times 2$$

$$= 0.68\ (\%)$$

となる．以上より得られた分析値の拡張不確かさの値が，「2.3.1 目標の設定」において定めた目標値より下回るか否かを確認する．すなわち，「2.3.1 目標の設定」において例として定めた値（1 %）を目標とする分析値の不確かさとすると，得られた分析値の拡張不確かさの値（0.7 %）がこれよりも小さいため，目標は達成できたことになる．また，拡張不確かさが得られることで，分析値の信頼性を定量的に表すことができる．例えば，表4.6で示した測定例の場合

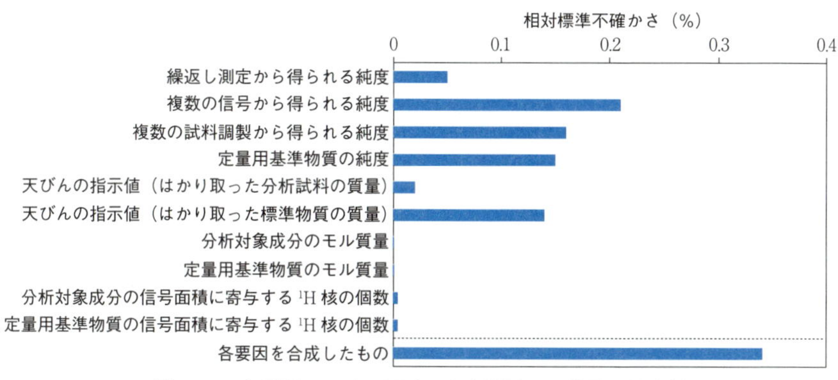

図 4.23　各要因における不確かさを評価した結果を示す例
この場合では，主に複数の信号から得られる純度の不確かさ，複数の試料調製から得られる純度の不確かさ，定量用基準物質の純度の不確かさ，天びんの指示値（はかり取った標準物質の質量）の不確かさが大きいことがわかる．

において分析値が 0.997 kg/kg であれば，拡張不確かさは 0.007 kg/kg（0.7 % に相当）となることから，分析値の信頼性を 0.997 kg/kg ± 0.007 kg/kg（95 % の信頼水準）とわかりやすく表すことができる．なお，各要因の相対標準不確かさとそれらの相対合成標準不確かさの関係を視覚的に把握できるグラフ（図 4.23）を作成すると，分析値の不確かさを低減したい場合などに，大きく寄与する不確かさの要因を把握することができ，その寄与を低減するための取組みにつなげることができる．

3)　分散分析による不確かさの精確な評価

①　繰返し測定から得られる純度の不確かさ
②　複数の信号から得られる純度の不確かさ
③　複数の試料調製から得られる純度の不確かさ

は，統計的には完全に独立しているとは言えないため，先に述べた手順では厳密には正しく評価できていない．そこで，より精確に①～③を個別に評価したい場合には，統計的手法である分散分析を利用することを推奨する．例えば，市販の表計算ソフトウェアであるマイクロソフト社のエクセルには，分散分析の分析ツールが組み込まれているため，利用することができる．

精度管理

qNMR 測定を実施するうえでさまざまな点に気をつけて実施したとしても，果たして得られた結果が正しいのかという問題は残るだろう．分析結果の信頼性を確保する方法の一つとして「精度管理」があり，外部精度管理と内部精度管理がある．外部精度管理は分析技術能力の客観的評価が主な目的であり，機関間でのクロスチェックや技能試験への参加で実現される．一方，内部精度管理は分析機関内での分析技術能力を維持管理するために実施されるべき項目であり，複数の分析者が携わる機関においては，分析技術能力の同等性評価も意識する必要がある．従来の NMR 測定は，定性分析が主な使用目的であったので，「精度管理」とは縁遠い分析だったといえるが，qNMR は別である．qNMR に関しての外部精度管理となる技能試験は現在，存在しないので，ここでは機関ごとの設定となる内部精度管理について，どのような項目を考慮すればよいのかを考えてみよう．

[装置管理]　qNMR で使用する装置は「NMR」と「電子天びん」である．分析結果の信頼性を確保するには使用する装置の管理は欠かせない．具体的には装置の仕様が満たされているかどうかを確認するのが一つの目安であり，装置メーカーの定期点検の実施はお勧めである．さらに，ユーザーが項目を決めて日常点検を実施することは，良好な結果を得られなかったときなど，分析結果を判断するために有用な情報となる．

[標準操作手順書（SOP：Standard Operation Procedure）]　複数の分析者が携わる場合，個人差が出てしまうのはある程度仕方がないことであるが，できるだけ分析技術の差を押さえるのが精度管理の目的でもある．そのために，試料調製や測定および解析の手順を詳細に文書化して分析者間で共有化するのが対策となる．

[適格性確認]　装置や分析技術能力が維持されていることを確認するための分析試料を用意することが望まれる．分析試料には信頼できる分析値が付与されている認証標準物質などを選択し，溶液での安定性が確認できているものがよい．

[管理方法]　分析者のスキルの判断としての力量評価を定期的に実施する．

文献

［1］ 食品衛生法施行規則および乳または乳製品に関する省令の一部を改正する命令（府令・省令：内閣府・厚生労働5号）

［2］ 食品，添加物などの規格基準の一部を改正する件（告示：厚生労働307号），（官報，号外第191号，平成23年8月31日）

［3］ 厚生労働省，第16改正日本薬局方第二追補，pp. 11-12, 18-28, 182-（平成26年2月28日）

［4］ 細江潤子，杉本直樹，末松孝子，山田裕子，三浦亨，鈴木裕樹，勝原孝雄，西村浩昭，菊池祐一，山下忠俊，合田幸広：医薬品医療機器レギュラトリーサイエンス，**45**(3)，243 (2014)

［5］ 日本分析化学会有機微量分析研究懇談会編，内山一美，前橋良夫監修：『役にたつ有機微量元素分析』，pp. 7-20，みみずく舎 (2008)

［6］ 日本分析化学会有機微量分析研究懇談会編，内山一美，前橋良夫監修：『役にたつ有機微量元素分析』，p. 55-67，みみずく舎 (2008)

［7］ F. Malz, H. Jancke : *J. Pharm. Bio.*, **38**, 813 (2005)

［8］ M. E. Wieser, T. B. Coplen : *Pure. Appl. Chem.*, **83**, 359 (2011)

［9］ T. B. Coplen, J. K. Bohlke, P. De Bievre, T. Ding, N. E. Holden, J. A. Hopple, H. R. Krouse, A. Lamverty, H. S. Peiser, K. Revesz, S. E. Rieder, K. J. R. Rosman, E. Roth, P. D. P. Taylor, R. D. Vocke, Jr., Y. K. Xiao : *Pure. Appl. Chem.*, **74**, 1987 (2002)

第5章 qNMRの実例

4章まではqNMRの原理や操作を紹介してきたが，この章では実際にどのような分野で活用されているのかを紹介する．qNMR活用のレビューとして各自の分析に役立てて欲しい．

5.1 環境汚染物質の標準物質の純度評価

環境分析では，通常，分析試料そのものが時間軸上で流動的に変化しているので，同一の分析試料を用いた分析をやり直すことができない．特に水質や大気などの分析試料は保存が難しいため，大量にサンプリングして予備の分析試料としておくことは現実的ではない．このことから，環境汚染物質の定量分析では，信頼性が確保された値が迅速に得られることが求められる．

通常，環境分析では微量物質を対象とするため，分離能と感度に優れたGC/MSやLC/MSなどのクロマトグラフィーが最も広範囲かつ高頻度に用いられている．クロマトグラフィーによる分析対象成分の定量値は，分析対象成分と同一の成分からなる標準物質のピーク高さや面積と濃度の関係を示す検量線から求められるので，この際に用いた標準物質の品質が，得られる定量値の精確さに大きな影響を与えるのは言うまでもない．

環境分析では，国際単位系（The International System of Units：SI）への計量トレーサビリティが保証された定量値が要求されることが多く，分析対象成分と同一の成分からなる純度が保証された標準物質が不可欠となってきている．例えば，揮発性有機化合物（Volatile Organic Compounds：VOC）の分析においては，計量法における標準供給制度（Japan Calibration Service System：JCSS）など，第三者認定を受けた標準物質生産者が供給する標準物質を基準とすることが推奨されている．しかし，純度や濃度が保証された標準物質として市販されている有機化合物は少ない．環境中には分析対象となる化合物が無限にあるため，それらすべてに値付けをして供給することは現実的に不可能である．よって，VOCの分析など，法律的に義務付けられているもの以外の環境汚染物質の分析においては，標準物質の代替品として市販標準品あるいは市販試薬が用いられている．

市販標準品および市販試薬の多くは，各試薬メーカー独自の方法で評価および管理を行っており，これらの製品のラベルや成績書には，品質保証として，クロマトグラム上に観察される主成分のピーク面積百分率，あるいは吸光光度法による比吸光度などより算出したものを純度と示している場合が多い．主成分のピーク面積百分率は，クロマトグラム上に観察されるすべての成分のピーク面積の総和に対する分析対象成分のピーク面積を比率として表したものであることから，相対量を示しているだけで絶対量を示しているわけではない．また，吸光光度法による比吸光度は，化合物の正確な（かたよりのない）吸光係数がわかっていることに加え，同じような吸収を持つ不純物が含まれていないことを前提としているので，同様に絶対量を示しているわけではない．したがって，市販標準品および市販試薬に表示されている純度にはある程度のかたよりがあると予想され，結果としてこれらを用いた定量分析における結果の信頼性を大きく損なっている可能性を否定できない．

このような背景から，ここでは，環境汚染物質として，抗生物質，天然毒，農薬などの市販標準品の純度決定，さらに試薬保管時の品質変化の評価にqNMRを利用した例を紹介する．

5.1.1　試薬メーカー間での純度の比較

天然由来の市販試薬は，天然物より単離精製したものであるため，原料，抽出，単離工程などの差により，メーカー間やロット間変動が大きく，純度の制御が困難であると予想される．そのため，分析対象成分とは無関係の物質も多く含まれ，製品の品質を大きく損なっているおそれがある．ここでは例として，抗生物質や天然毒の市販試薬の試薬メーカー間の純度の差を示す．

1）抗生物質 2 製品

抗生物質は，多種の病原体，ウイルス，細菌，それらに伴う疾患，耐性に対応するために数多く開発されており，その力価や含量の信頼性には科学的な根拠が求められている．

ここでは，セフロキシムナトリウム（$C_{16}H_{15}N_4NaO_8S$）2 製品について，純度測定を行った．添付文書の純度（クロマトグラフィーの面積百分率）は A 社が 99.6 %，B 社が 98.9 % である．A 社のスペクトルを図 5.1 に示した．カルバモイルオキシメチル基の CH_2 基は 4.68 ppm および 4.86 ppm に観察されるが，4.86 ppm は 4.81 ppm の水の信号と重なるため，この信号と交換性の ^1H 信号の 3 個を除く 9 個すべての ^1H 信号から純度を算出し，それらの平均値を各試薬の純度とした．その結果，A 社の純度は 90.7 %，B 社は 92.9 % であり，メーカー間に 2.2 % の差異が認められた．また，両者の添付文書の純度（クロマトグラフィーの面積百分率）とも，それぞれ 8.9 %，6.0 % と大きく異なって

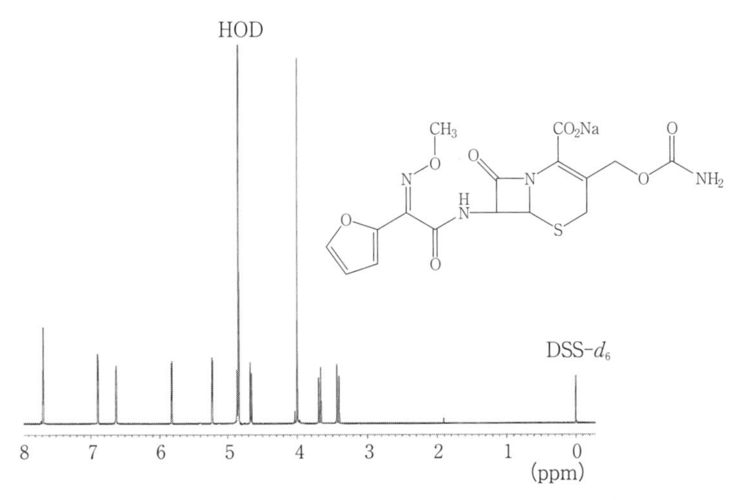

図 5.1　セフロキシムナトリウムの qNMR スペクトルおよび構造式
定量用基準物質として 3-(トリメチルシリル)-1-プロパンスルホン酸ナトリウム（DSS-d_6，δ0 ppm）を，重溶媒には D_2O（99.9 atom % D）を使用した．

いた.

2) 天然毒 2 製品[1]

トリコテセン系マイコトキシンである 3-アセチルデオキシニバレノール（3-acetyldeoxynivalenol((3α, 7α)-3-acetyloxy-12,13-epoxy-7,15-dihydroxytrichothec-9-en-8-one)：3-Ac-DON, $C_{17}H_{22}O_7$）は，穀類やそれらの加工品の汚染物質として実態調査や規制化が進められている．この 3-Ac-DON の 2 製品の純度測定を行った．添付文書の純度（クロマトグラフィーの面積百分率）は A 社が 99.7 %，B 社が 99.4 % である．**図 5.2** には A 社の 3-Ac-DON の qNMR スペクトルを示した．定量用信号としては，近傍に不純物の信号が観察されないこと，官能基が帰属されていることを条件に，10 位，14 位および 16 位の Me 基，Ac 基の ^{1}H 信号（図 5.2 a-d）を選択した．qNMR による純度測定の結果，A 社の純度が 89.8 %，B 社が 93.5 % であり，メーカー間に 3.7 % の差異が認められた．また，両者の添付文書の純度（クロマトグラフィーの面積百分率）とも，9.9 %，5.9 % と大きく異なっていた．

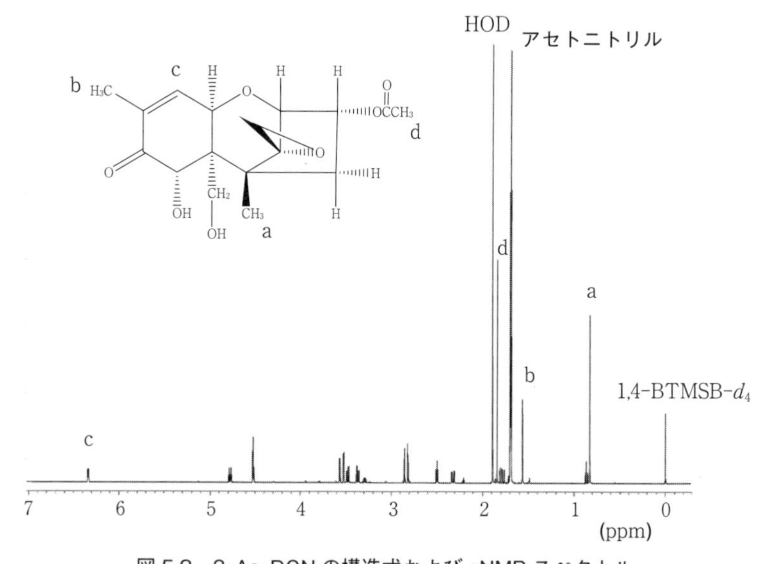

図 5.2　3-Ac-DON の構造式および qNMR スペクトル
定量用基準物質として 1,4-ビストリメチルシリルベンゼン（1,4-BTMSB-d_4, δ0 ppm）を，重溶媒にはアセトニトリル-d_3（99.8 atom % D）を使用した.

5.1.2 試薬保管における品質変化の評価[2]

化合物の安定性は物質ごとに異なり，保存期間や保存状態によっては分解して，純度が低下する可能性がある．残留農薬試験用の市販標準品のジクロルボス（DDVP，$C_4H_7Cl_2O_4P$）とアセタミプリド（$C_{10}H_{11}ClN_4$）の各２製品について，未開封新品のものと開封後数年間冷蔵保存していたものを qNMR で純度測定した結果を分析例として示す．開封後数年間冷蔵保存した DDVP の qNMR スペクトル上には，DDVP と定量用基準物質に由来する信号以外に小さな信号が 3.6 ppm 付近と 5.0 ppm～7.1 ppm の範囲に多数観察された（図 5.3(B)）．冷蔵保存した DDVP の各信号から求めた純度の RSD は 15.0 % とばらつきが大きく，純度は最も低い 47.9 % とするのが妥当と考えられた．一方，未開封新品の DDVP の純度は 94.5 % であり，ばらつきも小さく不純物の信号がほとんど観察されなかった．また，ここには qNMR スペクトルを示さないが，アセタミプリドの純度も未開封新品のものが 98.7 %，開封後数年間冷蔵保存した

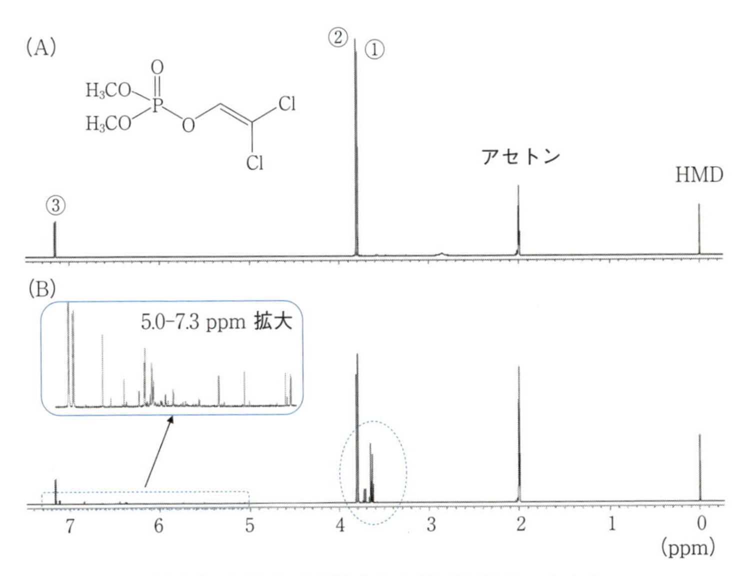

図 5.3　DDVP の構造式および qNMR スペクトル

(A)新品未開封製品，(B)開封後数年冷蔵保存製品．定量用基準物質としてヘキサミチルジシラン（HMD，δ0 ppm）を，重溶媒にはアセトン-d_6（99.9 atom % D）を使用した．

表5.1　DDVPおよびアセタミプリドのqNMRによる品質変化の測定

DDVP		qNMRによる純度（%）			アセタミプリド	
新品未開封	冷蔵保存				新品未開封	冷蔵保存
		化学シフト（ppm）				
96.6	64.9*	3.80	信号①	2.45	99.3	74.6
93.4	47.9	3.81	②	3.20	98.6	75.1
93.5	57.9*	7.16	③	4.79	98.7	75.0
			④	7.40	98.3	74.8
94.5	47.9	信号平均			98.7	74.9
0.4	0.1	n＝3 測定 RSD（%）			0.4	0.4
99	98.7	GC/FIDによる添付文書の純度（%）			100	98.8

*不純物を含んでいると考えられるため，定量用信号から除外

ものが74.9％であった（**表5.1**）．このように開封したものを長期保存した場合，残留農薬試験用の市販標準品は加水分解や酸化などにより，純度が低下することが確認された．

市販標準品や市販試薬に記載されている有効期限は，開封前のメーカーの保証期間であり，開封後についてメーカーは保証していない．したがって，クロマトグラフィーの検量線作成に用いる市販標準品や市販試薬は，開封後の管理を徹底しなければ，化合物によっては純度が低下していくことが明らかとなった．

5.1.3　まとめ

ここに示した例以外にも，農薬，食品添加物，天然物など100種以上のさまざまな化合物の市販標準品と試薬についてqNMRにより純度を測定したところ，試薬メーカーの成績書記載の純度より5％以上低い値を与えた製品が数多く存在した[3-6]．すなわち，市販標準品や市販試薬の添付の成績書に記載されているクロマトグラフィーの面積百分率などは絶対量を示しておらず，これをそのまま純度として扱うことは不適切と思われる結果であった．計量トレーサビリティの保証されていない純度を示した市販標準品や市販試薬を定量

用標準品とするとき，メーカー間や保管状態によっては定量分析の精確さに大きな影響を与え，分析値の信頼性の低下を引き起こしていると考えられる．

分析値の精確さを向上させるためには，分析者自身の技術レベルの向上だけでなく，絶対純度が計量学的に保証された標準物質の供給と正しい使用が重要なファクターである．これまでは定量分析に用いた市販標準品や市販試薬の純度に対して疑問を持つことはなかった．しかし，最近では，データ一つひとつが基準値や試験法の審議に，また，国境を越えた規制などへと繋がる国際整合性に対応すべく，精確さが求められるようになり，純度が保証された認証標準物質（CRM）などの使用が可能な限り求められるようになった．今後，分析者には，精確に値付けされた標準物質の重要性の再認識だけでなく，計量トレーサビリティの保証された分析結果が得られるような試験手順の構築が求められるだろう．

qNMR は，標準物質の SI トレーサビリティの保証に有用であり，標準物質の品質管理を通じた科学的な根拠に基づく分析値の信頼性向上となる手法として期待されている[7, 8]．

5.2 天然有機化合物への qNMR の応用

天然有機化合物の定量分析は，天然由来のものを対象とする場合が多く，種々の化合物が混在した分析試料中の分析対象成分を選択的に検出して定量しなくてはならない．近年，天然有機化合物の定量分析には相対分析法であるクロマトグラフィーが一般的に利用されている．各種クロマトグラフィーによる定量分析には検出器として UV や MS などが用いられるが，これらの検出器は分子特性の違いにより検出するものであり，化合物ごとに検出感度が異なるため，分析対象成分と同一の標準物質が必要である．しかし，天然有機化合物の場合，分析対象成分と同一の市販標準品や市販試薬が入手できないものも多く，自ら単離精製または全合成を行い，それを精確な純度が不明確なまま標準物質として使用せざるを得ない場合も多い．また，分析対象成分と同一の市販標準品や市販試薬が入手可能な場合でも，計量学的に精確な純度が値付けられたものはほとんどない．実際に，市販試薬の多くは，試薬メーカーがクロマトグラフィーの面積百分率などから純度を付けたものであり，検出困難な不純物の含量は考慮されていないなど，精確な純度との差異が予想される．定量に用いる標準物質の精確な純度が反映されなければ定量値にも差異を生じるため，分析試料中の分析対象成分の精確な含量を求めたい場合には問題が生じる．しかし，これらの場合，qNMRを応用することができれば，計量学的に精確な純度を求めることができる．また，qNMRであれば，天然物からの貴重な単離精製物であっても，非破壊のまま回収可能という利点も期待できる．

天然有機化合物のうち，生薬成分定量へのqNMRの適用および留意すべき点（信号の選定，溶媒の選択，調液誤差と測定誤差および水分含量など）については，5.6節の中で詳しい記載がある．他の天然有機化合物についても，qNMR適用時の留意点は基本的に同様であるため，5.6節を参照いただきたい．本節では，天然有機化合物定量へのqNMR応用例として，天然由来の食品添加物および市販試薬における実際の応用例をいくつか示す．

5.2.1 クエルセチンおよびクエルセチン配糖体定量への応用[9]

クエルセチン（ケルセチン）およびクエルセチン配糖体であるルチンやイソクエルシトリンは，天然由来の食品添加物に含まれる成分である．天然由来試料中の分析対象成分の定量では，試料中に類似の基本骨格を有する化合物が混在する可能性がある．そのため，天然有機化合物のqNMRの溶媒選択では，分析対象成分を溶解することができ，かつ，類似化合物や他の不純物と分離可能な信号が得られるものを選択する必要がある．クエルセチン（$C_{15}H_{10}O_7$，MW 302），ルチン（$C_{27}H_{30}O_{16}$，MW 610）およびイソクエルシトリン（$C_{21}H_{20}O_{12}$，MW 464）は，天然由来の試料中に混在する可能性があり，互いに分離して定量することが求められる．そこで，これら化合物のqNMRには，相互の信号分離に適するメタノール-d_4を用いた．**図5.4**にクエルセチン，ルチンおよびイソクエルシトリンのqNMRスペクトルを示す．3種の化合物に共通するクエルセチン骨格の五つの信号（6，8，5′，6′，2′位の）のうち，B環2′位の信号のみ，3種の化合物でそれぞれシフト値が異なり，混在する場合も分離して

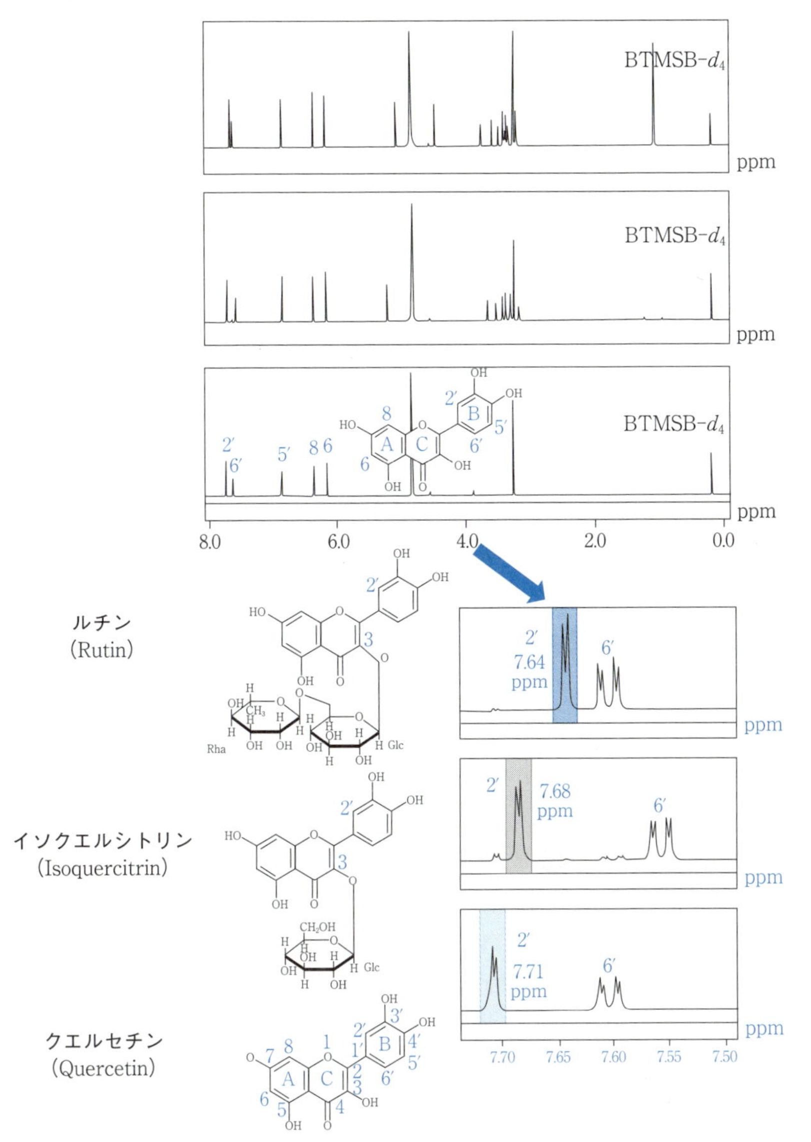

図 5.4　クエルセチンおよびクエルセチン配糖体（ルチン，イソクエルシトリン）の qNMR スペクトル（メタノール-d_4）

検出できると考えられた．また，この 2′ 位の信号，つまり，ルチンの 7.64 ppm，イソクエルシトリンの 7.68 ppm，クエルセチンの 7.71 ppm の各信号と定量用基準物質1,4-BTMSB-d_4の信号の面積比から各化合物の純度を算出したところ，各化合物の他の信号から算出した純度とほぼ同じ値であったため，この2′位の信号を選択することとした．なお，定量用基準物質には計量学的に精確に純度が付けられた1,4-BTMSB-d_4（99.8 % ± 0.2 %）を用い，分析対象成分の信号と同程度のSN比となる濃度で混合した．分析試料および標準物質のはかり取りは，天びんの最小計量値以上で精密に行った．確認のためあらかじめqNMRでの定量性を確認したところ，qNMRスペクトルで十分なSN比が得られる濃度範囲（クエルセチン試薬：2.5～7.5 mg/mL，ルチン試薬およびイソクエルシトリン試薬：5～15 mg/mL，1,4-BTMSB-d_4：0.2 mg/mL）において，試料の計量値とqNMRによる定量値との間に比例関係（相関係数0.9993以上）が得られた．1,4-BTMSB-d_4を定量用基準物質とし，分析対象成分を1点の濃度で測定するのみで，分析対象成分の標準物質を必要とせずに定量できることが確認された．定量結果は，試薬では77.3 %～98.2 %，食品添加物では85.4 %～96.9 %であった．試料溶液の調製（n = 3）でqNMRを実施した際の相対標準偏差は，試薬では0.1 %～1.4 %，食品添加物でも0.2 %～1.0 %であった．クエルセチン試薬として，n水和物と二水和物の試薬を測定した結果，クエルセチン無水物としての純度は，二水和物の試薬では86.0 %および86.2 %であるのに対し，n水和物では92.8 %および92.9 %と値が大きく異なることが明らかとなり，クロマトグラフィーなどの標準物質として用いる試薬の精確な純度に留意すべきであることが確認された．

図5.5のqNMRスペクトルは，ダッタンソバ乾麺抽出物中のクエルセチン定量への応用例[10]である．ダッタンソバ乾麺を磨り潰した粉末約2.0 gを精密にはかり取り，メタノール50.0 mLで抽出し，遠心分離後に得られた抽出液を減圧乾燥し，メタノール-d_4を溶媒としてqNMRを行った．2′位の信号を用いることで，少量混在するルチンと分離してクエルセチンを定量することができた．qNMRを応用することで，ダッタンソバ乾麺中のクエルセチンの含量を簡便かつ計量学的に精確に求めることができた．

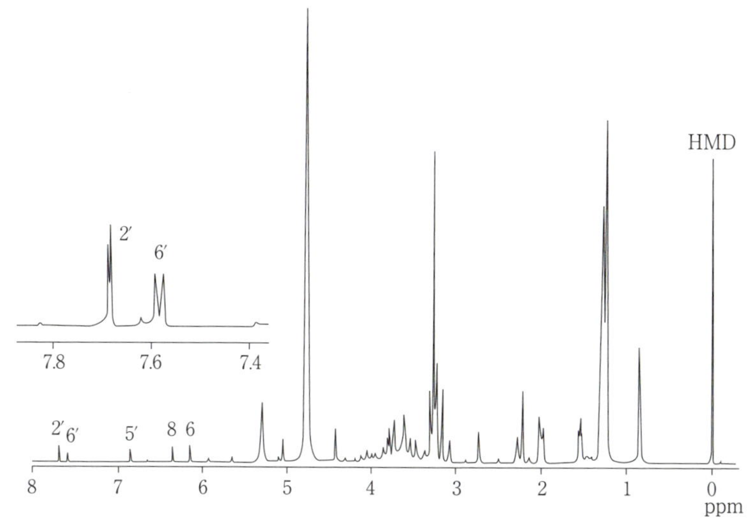

図 5.5 ダッタンソバ乾麺抽出物中の qNMR スペクトル（メタノール-d_4）
2′位の信号を定量に用いた.

5.2.2 ステビオール配糖体定量への応用[11]

天然由来の食品添加物ステビア抽出物には，甘味成分としてステビオシドやレバウジオシド A が含まれる．そこで，この 2 種の化合物の試薬の純度測定に qNMR を応用した．ステビア抽出物（あるいは Steviol glycosides）の国内外の HPLC による定量規格において，ステビオシド試薬がステビオシドと他のステビオール配糖体の定量用標準品として，また，レバウジオシド A 試薬がレバウジオシド A の定量用標準品として用いられるため，これら試薬の精確な純度を知ることは重要である．qNMR 用の溶媒には，溶解性と信号の選択性を考慮し，ピリジン-d_5 を用いた．qNMR 用の定量用基準物質には，ピリジン-d_5 への溶解性を考慮し 1,4-BTMSB-d_4 を選択した．ステビオシド試薬およびレバウジオシド A 試薬は，乾燥（105℃，2 時間）させた後，それぞれ精密にはかり取り，定量に十分な SN 比が得られる濃度（ステビオシド試薬およびレバウジオシド A 試薬：約 20 mg/mL，1,4-BTMSB-d_4：0.2 mg/mL）で qNMR を行った．不純物や他のステビオール配糖体由来の信号のシフト値も考慮し，各化合物に特有な二つずつの信号（ステビオシド，$C_{38}H_{60}O_{18}$（MW 805）：2.71 ppm［H-14α］および 5.68 ppm［H-17α］，レバウジオシド A，$C_{44}H_{70}O_{23}$（MW 967）：2.65 ppm［H-14α］および 5.31 ppm［H-1′′′′］）を定量用信号として選択した（**図 5.6**）．ステビオシドとレバウジオシド A それぞれにおいて，二つの定量用信号から得られた純度はほぼ一致し，その平均値を各製品の純度とした．試料溶液の調製（$n = 3$）で qNMR を実施したところ，相対標準偏差は 0.2 %～1.1 % と良好であった．また，5 製品のステビオシド試薬の純度は 92.0 %～97.7 %，5 製品のレバウジオシド A 試薬の純度は 94.6 %～96.6 % であり，製品により純度の違いが認められ，定量用標準品として用いる試薬の純度を計量学的に精確に求めることの重要性や，純度の算出における qNMR の有用性が示された．

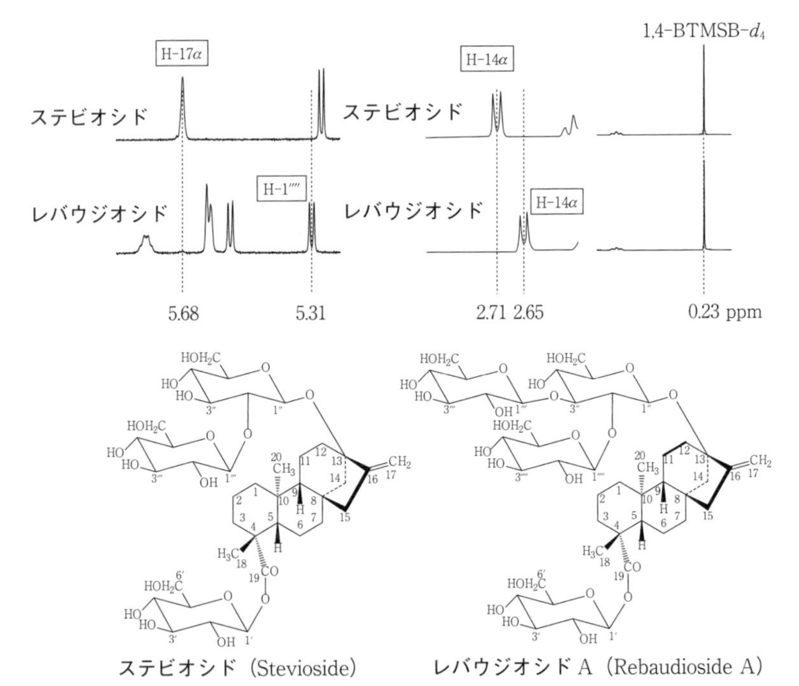

図 5.6　ステビオシドおよびレバウジオシド A の qNMR スペクトル（ピリジン-d_5）

5.2.3 カルミン酸定量への応用［12］

コチニール色素は，天然由来の赤色素の一つで，食品添加物として使用されており，その主色素成分はカルミン酸である．そこで，カルミン酸試薬および食品添加物コチニール色素製品中のカルミン酸の定量に qNMR を応用した．高純度カルミン酸，カルミン酸試薬 7 製品および食品添加物コチニール色素 4 製品それぞれ約 20 mg を精密にはかり取り，あらかじめ調製した qNMR 用標準溶液 1.0 mL に溶解して qNMR を行った．qNMR 用標準溶液には，水溶性の DSS-d_6 を 400.5 μg/mL ± 2.8 μg/mL 含有する D_2O 溶液を用いた．（現在は，DSS-d_6 の SI トレーサブルな純度を付与した標準物質が市販されているが，試験実施時は入手不可であったため，認証標準物質であるフタル酸水素カリウムにより校正して qNMR 用標準溶液中の DSS-d_6 濃度を求めた．）**図 5.7** に示すように，カルミン酸の信号は，1.9 ppm（8 位のメチル基，8-Me），3.5 ppm～4.7 ppm（*C*-グルコシル基，*C*-Glc）および 6.6 ppm（アントラキノン骨格上の

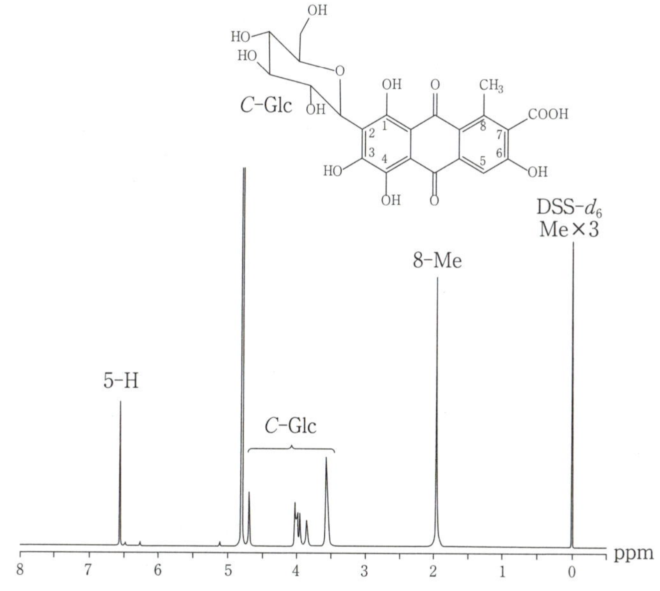

図 5.7　高純度カルミン酸試料の qNMR スペクトル（D_2O）
6.6 ppm の信号を定量に用いた．

5位のフェニルプロトン，5-H）に観察された．カルミン酸の場合，不純物やデキストリンなどの賦形剤由来と推定される信号（3.3 ppm～5.4 ppm付近）との分離を考慮し，6.6 ppmのフェニルプロトン（5-H）を定量用信号として選択した．その結果，カルミン酸（$C_{22}H_{20}O_{13}$，MW 492）としての純度は，高純度カルミン酸（X線結晶解析で化学構造がカルミン酸カリウム塩三水和物であると証明されたもの）で81.8％，カルミン酸試薬7製品では21.3％～78.3％，食品添加物コチニール色素4製品では3.9％～25.7％であった．qNMRによりあらかじめ精確な純度を付与したカルミン酸試薬を定量用標準品に用いてHPLCなどで分析すれば，さらに複雑な混合試料中のカルミン酸含量も精確に求められるものと期待できる．

5.2.4 まとめ

以上，qNMRの天然有機化合物への応用例において，各定量値は高い再現性を示し，qNMRが迅速性に加え精確な定量法であることが示された．天然有機化合物へのqNMRの応用例は，上記以外にベニバナ赤色素の成分カルタミン[13]，ベルベリンアルカロイド[14]，その他各種生薬成分[15]（5.6節の文献の項にも多数記載）など種々報告されており，そちらも参考にしていただきたい．

また，近年，各種試薬メーカーよりqNMRを活用してSIトレーサブルな純度を付与した天然有機化合物の試薬供給が開始されており，これらを有効に利用することもできる．

天然有機化合物へのqNMRの応用は，定量に十分なSN比を得られる量があり，不純物や類縁物質由来の信号との分離条件を設定することができ，かつ適切な定量用信号を選択できれば，分析対象成分の計量学的に精確な純度を調べる非常に有用な手段となる．

5.3 食品中の添加物への qNMR の応用

食品添加物は，食品の腐敗の防止，風味や外観の向上，栄養価の維持や強化など，私たちが普段食べている加工食品の特性や安全性を確保するうえで重要な役割を果たしており，現代の食生活に欠かせないものとなっている．日本では食品添加物の安全性や品質を確保する目的で，食品添加物の性状や含量（純度）などの成分規格，食品添加物を使用できる食品や使用量などの使用基準などが設定され，食品添加物公定書に収載されている．これに伴い，食品添加物の純度や食品中の食品添加物の使用量に関して，設定された規格基準が守られているかを監視するための分析法が定められている．このうち，食品中の使用量に関する分析法いわゆる「食品中の食品添加物分析法」では，分析対象成分を食品から抽出，精製した後，LC などを用いて定量することが一般的である．しかし，試料によっては煩雑な前処理などを必要とする場合も多い．また，分析値の計量学的な精確さを担保するためには，認証標準物質を使用する必要があるが，一般に市販されている認証標準物質の数は非常に少なく，分析対象成分と同一の成分からなる標準物質を必要とする各種クロマトグラフィーへの利用には限界がある．

qNMR は，検出手法が有機化合物に特有の吸光や蛍光などの物性値に依存せず，分析対象成分とは別の成分からなる認証標準物質を利用することにより，さまざまな有機化合物の SI トレーサビリティを保証できる定量が可能である．また，本法は比較的少ない前処理で夾雑物の影響を受けずに定量が可能となる場合が多いことから，前処理が簡便となり，分析時間の短縮につながる．また，前処理で使用する溶媒量が大幅に削減され，環境への負荷低減へも寄与すると考えられる．さらに，NMR は試料溶液を密封状態で測定するため，各種クロマトグラフィーや LC/MS，GC/MS など検出器として質量分析計を用いた食品分析でしばしば問題となるカラムの劣化や検出器の汚染などの心配はない．それゆえ，qNMR を食品中の食品添加物分析へ利用すれば，食品添加物の使用量の評価における分析値の計量トレーサビリティが確保され，国民の要望が高い食品添加物の安全性の一層の確保に貢献できると考えられる．ここでは，qNMRの食品中の食品添加物分析の応用例として，加工食品中の安息香酸分析[16] をとり上げ，性能評価や妥当性確認など分析法の確立における一連の流れを述べる．

5.3.1 安息香酸のqNMR測定

安息香酸やその塩類である安息香酸ナトリウムは，日本では保存料としてキャビア，マーガリン，清涼飲料水などへの使用が認められている食品添加物であり，食品中の安息香酸としての使用基準値が設定されている．これら加工食品中の安息香酸をqNMRで分析するにあたり，まずNMRスペクトル上の安息香酸に由来する各プロトンの化学シフトや定量に適用可能な信号を把握しなければならない．そこで，試薬として市販されている安息香酸を使ってqNMR測定を行った．なお，定量用基準物質には，認証標準物質であるDSS-d_6を用い，各信号から算出された安息香酸の純度より，定量に適用可能な信号を判断した．その結果，**図5.8**に示したように，δ7.53 ppm（プロトン数：2），δ7.65 ppm（プロトン数：1），δ7.98 ppm（プロトン数：2）およびδ13.0 ppm（プロトン数：1）に安息香酸に由来する信号がそれぞれ観察され，これらの信号より安息香酸の純度を算出したところ，δ7.53 ppm，δ7.65 ppmおよびδ7.98 ppmでは，これらの純度はほぼ同等であることが明らかとなった（δ7.53 ppm：

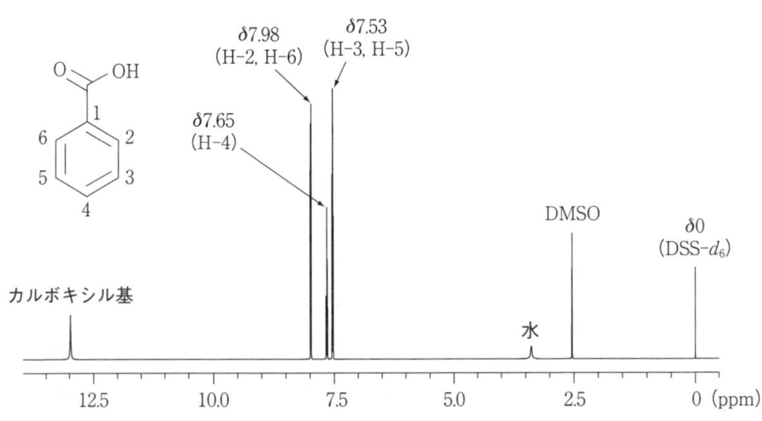

図5.8　安息香酸の化学構造と ^{1}H NMRスペクトル（測定溶媒：DMSO-d_6）

99.6 % ± 0.1 %, δ7.65 ppm : 99.4 % ± 0.3 %, δ7.98 ppm : 99.7 % ± 0.2 %). 特に δ7.53 ppm および δ7.98 ppm の信号は, δ7.65 ppm の信号に比べ信号とノイズの比 (SN 比) が大きく, 信号の多重度も比較的小さい. したがって, 夾雑物の影響を極力少なくし, より高感度な分析を行うためには, δ7.53 ppm および δ7.98 ppm の信号を利用することが適切と考えられた. 一方, δ13.0 ppm の信号から得られた純度は, 92.5 % ± 1.3 % と他の 3 種の信号の結果と大きく異なっていた. これは, カルボキシル基のプロトンが交換性のプロトンであることに起因していると考えられた. このような信号は, 精確な信号面積の算出が困難であることから, 定量には不適と判断した.

5.3.2 前処理および添加回収試験

次に加工食品中の安息香酸分析に関する検討を行った. 加工食品中の食品添加物分析では, 抽出, 分配, 濃縮などの前処理によって測定対象物質を精製する場合が多い. このような操作は, 食品や食品添加物の種類, 性状によってさまざまな方法が用いられており, 安息香酸の分析では主に水蒸気蒸留法が利用されている. しかし, この方法を qNMR の前処理に利用することは困難と考えられた. つまり, ^{1}H NMR では水を多く含む試料を測定した場合, 水由来の巨大な信号が分析対象成分の信号の帰属や定量の妨害となる恐れがあるためである. さらに, この問題を回避するためには, 得られた留液を減圧乾燥させ, 完全に水分を除去した試料を調製する必要があるが, 操作に多大な労力と時間を要する. そこで, 試料溶液に水が極力混入しない溶媒を用いて安息香酸を加工食品から効率的に抽出するため, 前処理としてジエチルエーテルを使った溶媒抽出法を選択することとした. 今回選択した溶媒抽出法と qNMR を組み合わせた分析法の精確さを明らかにするため, 安息香酸および安息香酸ナトリウムの使用が認められている食品のうち, キャビア, マーガリンなど 6 種について 0.063 g/kg, 0.13 g/kg および各食品の使用上限濃度 (0.60 g/kg〜2.5 g/kg) で添加回収試験を行った. なお, 加工食品中の安息香酸分析において, 定量に用いる信号は, その SN 比や多重度だけではなく, 食品由来の夾雑物の信号と十分に分離していることが非常に重要である. 今回の検討では, すべての試料において，安息香酸に由来するδ7.53 ppmおよびδ7.98 ppmの信号は夾雑物の信号と十分に分離していたため（図5.9），これら2種の信号から安息香酸量を定量し，その回収率を算出した．その結果，検討したすべての添加濃度において，各試料からの安息香酸の回収率は80％以上，相対標準偏差（RSD）は3.9％以下と良好な結果であった．また，本法の室内再現精度（室内精度）を明らかにするため，清涼飲料水およびマーガリンを対象に1日1回（2併行）の添加回収試験（0.063 g/kgおよび各食品の使用上限濃度）を5日間行った．得られたデータの一元配置の分散分析によりその室内精度を算出したところ，4.9％～7.1％と良好であった．

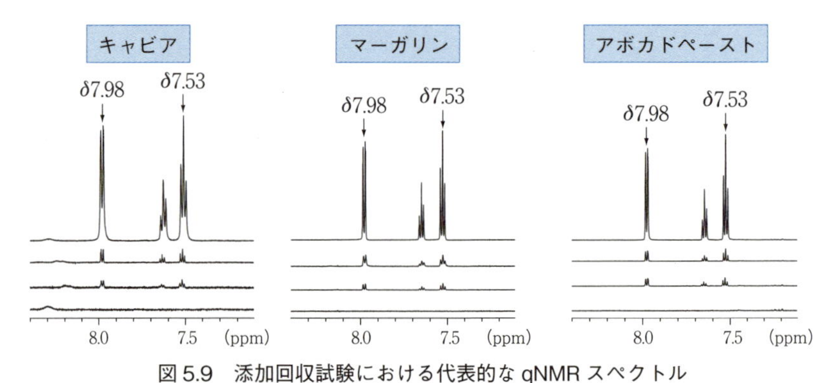

図5.9　添加回収試験における代表的なqNMRスペクトル
キャビア，マーガリンおよびアボカドペーストに添加された安息香酸のqNMRスペクトルの拡大図．範囲：δ7.1–8.4 ppm．1段目：各食品の使用上限濃度添加（キャビア：2.5 g/kg，マーガリン，アボカドペースト：1.0 g/kg），2段目：0.13 g/kg添加，3段目：0.065 g/kg，4段目：未処理．

5.3.3　安息香酸，安息香酸ナトリウムを含有する加工食品の分析

次に，安息香酸や安息香酸ナトリウムが使用されている食品への本法の適用性を明らかにするため，これらの添加物の使用が表示された4種の加工食品について分析し，得られた結果を加工食品中の安息香酸分析に関する公定法（試料溶液調製：水蒸気蒸留，分析：逆相HPLC）[17]と比較した．なお，qNMRでは，安息香酸由来の信号と食品由来の夾雑物の信号の分離度などを考慮して，マーガリン，清涼飲料水およびシロップではδ7.53 ppmおよび

δ7.98 ppm，しょうゆでは δ7.53 ppm の信号を用いて安息香酸含量を算出した（図 5.10）．その結果，**表 5.2** に示したように，すべての試料において，本法は公定法と同程度に精確な定量結果を与えることが判明した．また，本法の RSD は公定法と比べやや高い結果を示したが，最大で 5％以下であったことから，本法は実用上問題のない精度であると考えられた．さらに，本法の分析時間は 1 検体あたり最短で 55 分と公定法（125 分）と比べ迅速性に優れた方法であることも確認された．なお，qNMR では，定量に用いる信号の SN 比が精確さに大きく影響するが[18]，加工食品中の食品添加物の分析の場合，SN 比が 100 以上あれば，1％の以内の精確さで定量が可能であることが報告され

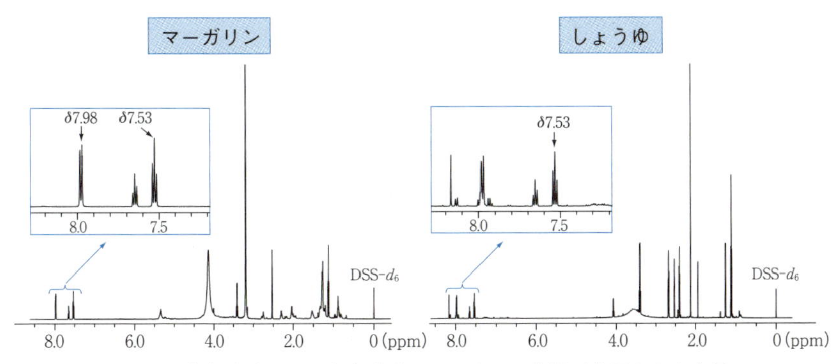

図 5.10　安息香酸または安息香酸ナトリウムの使用が表示された食品の qNMR スペクトルの一例

表 5.2　確立した方法と公定法による加工食品中の安息香酸含量の比較

加工食品	確立した方法（溶媒抽出/qNMR）			公定法（水蒸気蒸留/HPLC）	
	信号（δ, ppm）	含量（g/kg）	RSD（%）	含量（g/kg）	RSD（%）
マーガリン	7.53 7.98	0.46 0.46	4.0 4.0	0.47	1.1
清涼飲料水	7.53 7.98	0.26 0.26	4.5 5.0	0.25	0.1
シロップ	7.53 7.98	0.48 0.48	2.1 2.2	0.45	0.9
しょうゆ	7.53	0.45	4.9	0.47	0.5

ている[19]．今回の安息香酸の分析では，加工食品中の含量が 0.063 g/kg 以上であれば，定量に用いた信号の SN 比はこの条件を満たしていた．以上より，今回確立した溶媒抽出法と qNMR を組み合わせた分析法は，加工食品中の安息香酸含量の分析法として有用であることが明らかとなった．

最近，qNMR を用いた加工食品中の食品添加物分析として，保存料であるソルビン酸[19] やデヒドロ酢酸[20]，甘味料であるアセスルファムカリウム[21] を対象とした分析が報告された．qNMR は，超伝導マグネットの高磁場化やプローブの改良などに伴い，加工食品中の測定対象物質を迅速かつ精確に定量できる有用なツールの一つとして認識されている．この特徴を生かして，複雑なマトリクスに含まれるさまざまな有機化合物の定量分析への適用拡大が期待される．

5.4 界面活性剤への qNMR の応用

乳化，分散，浸透などの機能を持つ界面活性剤は，洗浄剤，香粧品，食品，医薬品をはじめとする分野でさまざまな製品に配合され，それらの性能を左右する大切な役割を果たしている．近年では，高機能化や環境に対する負荷の低減などを目的に，次々と新しい界面活性剤の開発も行われている．

界面活性剤は親水基のイオン性によって，陰イオン，陽イオン，両性，非イオン界面活性剤の四つに分類される．しかし，その種類は極めて多く，さらに単一種であっても親水基（エチレンオキシド鎖）や疎水基（アルキル鎖）などに分布を持った複雑な混合組成物である．

一般的に界面活性剤を定量する手法として，陰イオン，陽イオン界面活性剤はメチレンブルーを指示薬とした分層滴定法（エプトン法）[22-24]，両性界面活性剤はリンタングステン酸法[25]，非イオン界面活性剤は重量法のアルミナカラムクロマトグラフ法[26, 27] などが用いられている．しかし，これらの方法は分析操作が煩雑で測定に熟練を要し，例えば分層滴定法については，人体や環境への影響が懸念されるクロロホルムを大量に用いなければならないといったように，問題点も挙げられる．これらに置き換わる分析手法として，難揮発性である界面活性剤の分析に適した高速液体クロマトグラフィー（HPLC）が考えられるが，界面活性剤の種類ごとに異なる条件で測定を行う必要がある[28]．近年では，選択性に優れる液体クロマトグラフィー/質量分析法（LC/MS）などにより，同一条件下で複数の界面活性剤を分析するための検討も行われている[29-31]．しかし，工業的に生産される界面活性剤は天然油脂などを原料とするため，分析対象成分と組成の等しい界面活性剤を入手することが非常に難しいため，検量線作成のための標準物質が用意しにくく，精確な定量を行うことができない．

一方，qNMRでは，アルキル鎖やエチレンオキシド鎖の信号は平均化されて観測されるため，HPLCのように分布によってスペクトルが複雑化することはない．したがって，比較的シンプルなスペクトルの中から界面活性剤に特有な信号を選択することで，同一条件で簡便・迅速かつ精確に定量することが可能である[32-34]．

では，実際に界面活性剤の分析にqNMRを応用してみよう．まずは標準物質の選択である．界面活性剤の多くは水溶性であるため，標準物質には水溶性が高く，認証値の付与された標準物質が入手可能なフタル酸水素カリウム（PHP）などが好ましい．もしPHPに分析対象成分の信号が重複してしまう場合には，^{1}H NMRの化学シフトの基準物質として用いられる3-(トリメチルシリル)-プロピオン酸ナトリウム-2,2,3,3-d_4（TSP-d_4）なども使用できる．PHPは120 ℃で約60分間加熱した後，シリカゲルを入れたデシケーター中で放冷してから使用する[35]．TSP-d_4は購入品をそのまま用い，その純度はPHPを定量用基準物質としてqNMRで求めることができる．

続いて測定溶媒の選定である．定量用基準物質のPHPとTSP-d_4はいずれも水溶性で，界面活性剤も多くは水溶性であることから，測定溶媒としては重水（D_2O）が適していると考えられる．しかし，実際に測定してみると，疎水性が高い界面活性剤（例，臭化ジラウリルジメチルアンモニウム：DLDAB）などは溶解せず，溶解しても一部の界面活性剤（例，直鎖ドデシルベンゼンスルホン酸ナトリウム：LAS）については，分解能の低いスペクトルしか得られないこともある．そこで，NMRに一般的に利用されるメタノール-d_4（CD_3OD），ジメチルスルホキシド-d_6，アセトン-d_6といった有機溶媒の中から最適な溶媒を探索すると，CD_3OD はイオン性を問わずほぼすべての界面活性剤を溶解でき，スペクトルの分解能も改善できるのだが，逆に PHP と TSP-d_4 の溶解性が悪く，さらには界面活性剤中の不純物（無機塩など）に由来する不溶物が生じることもある．しかし，これらの問題は，CD_3OD と D_2O の混合溶媒を用いることで解決できる．すなわち，定量用基準物質と界面活性剤の両方を溶解でき，さらに分解能も良好なスペクトルを得られるのである．溶媒によるスペク

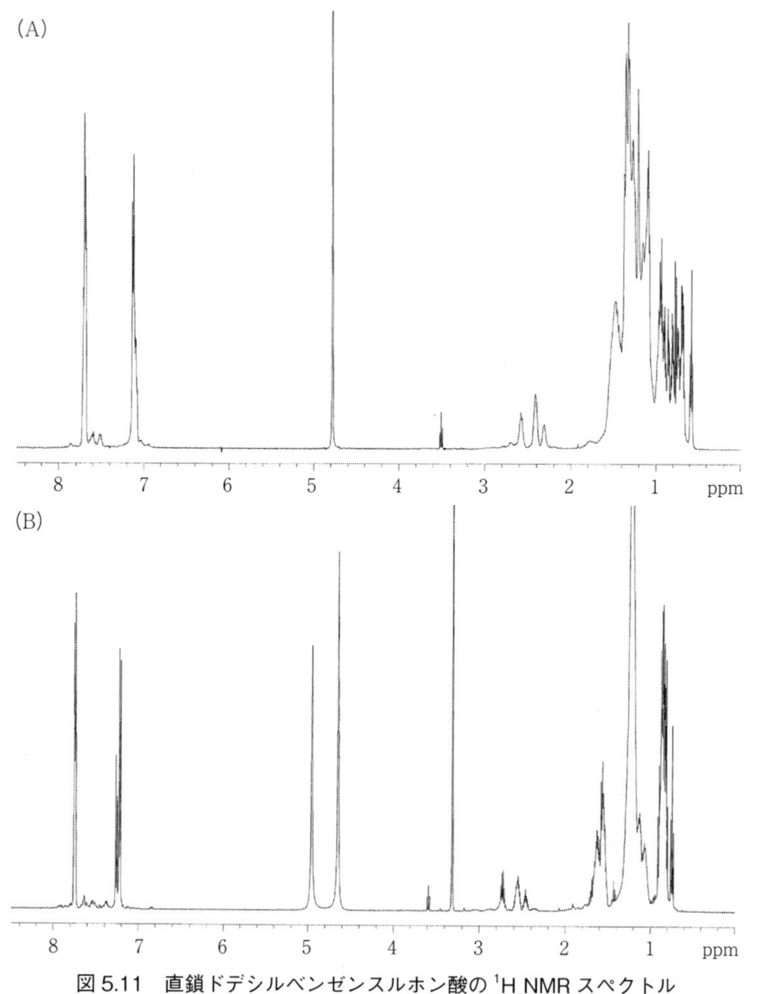

図 5.11　直鎖ドデシルベンゼンスルホン酸の ^{1}H NMR スペクトル
(A)：重水（D_2O）溶媒，(B)：メタノール-d_4/重水（CD_3OD/D_2O）混合溶媒．

トル変化の一例として，**図 5.11** に D_2O および CD_3OD/D_2O を溶媒として測定した LAS の ^1H NMR スペクトルを示す．

では実際に試料溶液の調製を行い，^1H NMR を測定してみよう．まず例として，代表的な陰イオン界面活性剤であるラウリル硫酸ナトリウム（LS）の ^1H NMR スペクトルを**図 5.12** に示す．

ここでは，大別して硫酸基（SO_4）に結合したメチレン基（4.00 ppm）と，それ以外のアルキル鎖に由来する信号（0.85 ppm～1.70 ppm）が観測されている．定量に用いる信号に LS 以外の不純物由来の信号が重なっていれば，もちろんその分定量値は高くなるため，それらの妨害を受けない信号を選択する必要がある．通常 LS はラウリルアルコールを硫酸化し，中和することにより得られる．したがって，分析試料中には未反応原料などとして微量のラウリルアルコールが含まれている可能性があり，その場合には 0.85 ppm～1.70 ppm にその信号が重複する．したがって，この化合物については，他成分の信号が重複する可能性の最も低い 4.00 ppm のトリプレット（図 5.12 d）を用いて定量を行うことになる[32]．

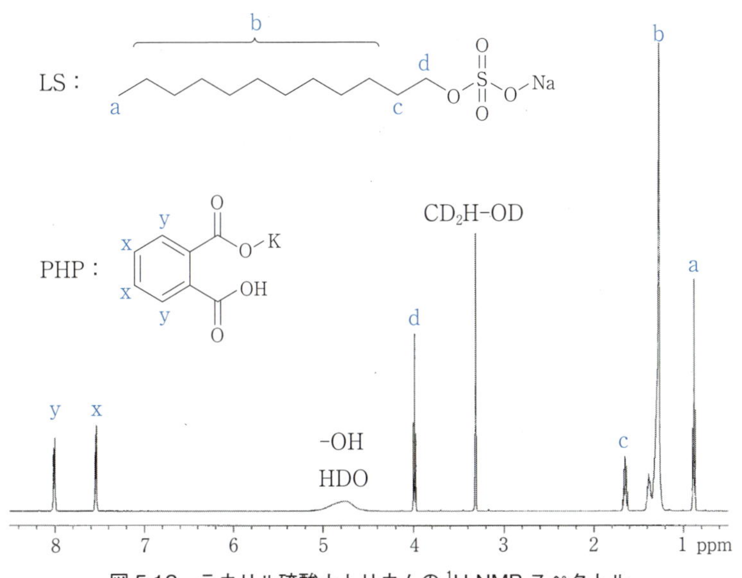

図 5.12　ラウリル硫酸ナトリウムの ^1H NMR スペクトル
CD_3OD/D_2O 混合溶媒．

では，これら界面活性剤が複数配合された場合でも，同様に定量が可能だろうか．**図5.13**に，代表的な陰イオン界面活性剤である，LS，1-ドデカンスルホン酸ナトリウム（DS），ラウリン酸ナトリウム（SL）の混合試料溶液の ^{1}H NMRスペクトルを示す．各界面活性剤に特徴的な，親水基に結合したメチレン基の信号（図5.13 a，b，c）は，いずれも互いに重なり合っていない．また，これら以外のアルキル基の信号はすべて1.80 ppmよりも高磁場に検出されており，測定溶媒の残存プロトンも異なる位置（3.30 ppm，4.70 ppm，4.90 ppm）に検出されている．したがって，各界面活性剤に特徴的な信号と定量用基準物質の信号の面積比および試料溶液の調製時の配合比から，これら3種類の界面活性剤を一斉に定量することが可能である．

さらに，陰イオン，陽イオン，両性および非イオン界面活性剤を1種類ずつ配合したイオン性の異なる界面活性剤が共存する混合試料溶液についてはどうだろうか．**図5.14**にLS，臭化ラウリルトリメチルアンモニウム（LTAB），

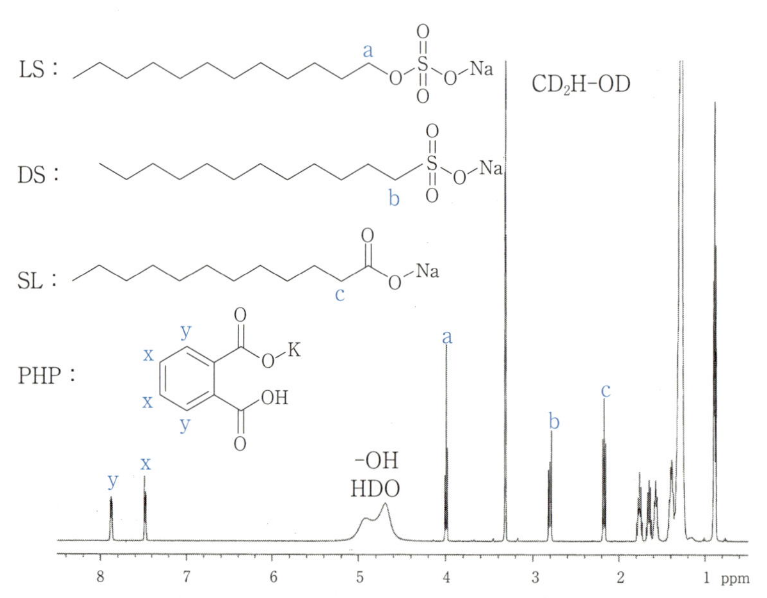

図5.13　3種類の陰イオン界面活性剤混合試料溶液の ^{1}H NMRスペクトル（CD_3OD/D_2O 混合溶媒）

LS：ラウリル硫酸ナトリウム，DS：1-ドデカンスルホン酸ナトリウム，SL：ラウリン酸ナトリウム．

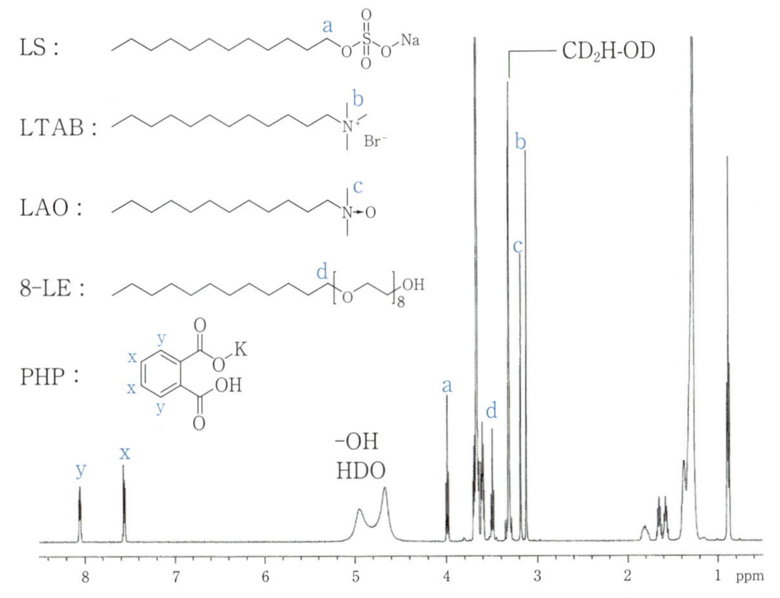

図 5.14　4 種類の異種イオン性界面活性剤混合試料溶液の ¹H NMR スペクトル（CD_3OD/D_2O 混合溶媒）

LS：ラウリル硫酸ナトリウム，LTAB：臭化ラウリルトリメチルアンモニウム，LAO：ラウリルジメチルアミンオキシド，8-LE：オクタエチレングリコールモノラウリルエーテル．

ラウリルジメチルアミンオキシド（LAO），オクタエチレングリコールモノラウリルエーテル（8-LE）を含む混合試料溶液の ¹H NMR スペクトルを示す．

各々に特徴的な信号（図 5.14 a，b，c，d）は，3 ppm～4 ppm の範囲に集中しているが，いずれも他の信号とは重なっていないため，このスペクトルから配合した 4 種類の界面活性剤を一斉に定量することができる．

一方，**図 5.15**(A)には，SL，ラウリルアミン塩酸塩（LAH），ラウリルジメチル（3-スルホプロピル）アンモニウム（LSA），ポリオキシエチレン（POE）オクチルフェニルエーテル（OPE）を配合した混合試料溶液の ¹H NMR スペクトルを示す．4 種類の界面活性剤のうち，OPE は特徴的な信号（図 5.15(A) d）が単独で検出されているが，SL は LSA 由来の信号と一部が重複してしまっている（図 5.15(A)a，e）．さらに，LAH と LSA に至っては，特徴的な信号同士（図 5.15(A)b，c）が完全に重複しており，このスペクトルからは

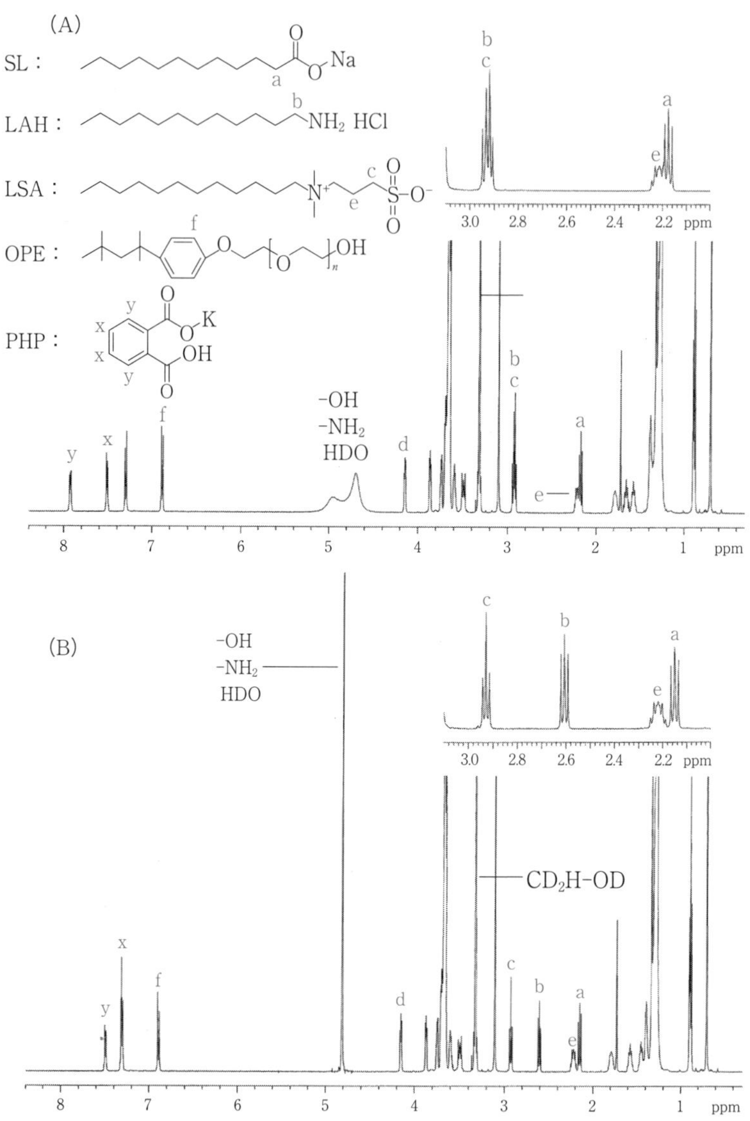

図5.15　4種類の異種イオン性界面活性剤混合試料溶液の ^{1}H NMR スペクトル（CD_3OD/D_2O 混合溶媒）

（A）NaOD 添加前，（B）NaOD 添加後．SL：ラウリン酸ナトリウム，LAH：ラウリルアミン塩酸塩，LSA：ラウリルジメチル（3-スルホプロピル）アンモニウム，OPE：POE オクチルフェニルエーテル．

OPE 以外の界面活性剤を定量することは困難である．しかし，カルボキシル基やアミノ基のように，プロトンの付加・脱離が生じる官能基を持つ化合物は，酸や塩基の添加によって官能基近傍に存在するプロトンの化学シフトが変化する．したがって，試料溶液の液性を変化させることで信号が分離し，各々の界面活性剤の定量が可能になることが期待できる．実際にほぼ中性であった試料溶液に NaOD を加えた後，再び ^{1}H NMR 測定を行うと，図 5.15(B) の ^{1}H NMR スペクトルが得られる．添加前に比べて SL の信号が約 0.03 ppm，LAH の信号が約 0.30 ppm 高磁場側へシフトし，いずれも LSA 由来の信号と完全に分離できている．一方，NaOD の添加により PHP の信号もシフトし，OPE 由来の信号と重複しているが（図 5.15(B)f，x），この問題は定量用基準物質を TSP-d_4 に変更することで解決が可能である．

このように，溶液条件や定量用基準物質の最適化を行うことで，イオン性の異なる複数の界面活性剤を一斉に定量することも可能となる．なお，酸や塩基の添加で化学シフトが変化する現象は，脂肪酸塩やアミン塩のほか，アミンオキシドなどの分析にも応用することができる[34]．

今回，^{1}H NMR を用いた界面活性剤の定量法について紹介したが，^{1}H 以外にも，現在 ^{9}F や ^{31}P といった多核を用いた定量法についても研究が進められている．今後，多核を用いた qNMR の手法が開発されれば，複数成分が配合された混合物の中から，特定の成分のみを選択的に定量することも可能となる．qNMR は適用範囲が広く，簡便・迅速かつ精確な定量法であることから，今後あらゆる分野での界面活性剤分析に有用な手法として発展すると考えられる．

5.5 qNMR の多核種への応用

5.5.1 多核 NMR における特性

本書では主に，^{1}H NMR を用いた定量分析について紹介してきたが，NMR では検出可能な核種が数多く存在している．はじめに NMR で比較的多く用い

表 5.3　核種による NMR に影響を及ぼす性質

核種	^{1}H	^{13}C	^{19}F	^{31}P
共鳴周波数（MHz）*	600	150.9	564.8	243.1
核スピン	1/2	1/2	1/2	1/2
天然存在比（%）	99.98	1.1	100.0	100.0
^{1}H NMR に対する相対感度**	1	0.016	0.83	0.07
測定範囲（ppm）	約 20	約 200	約 200	約 200

*共鳴周波数 600 MHz の分光計の例
**同一磁場強度における同数の核が与える信号強度

られる核種である ^{1}H，^{13}C，^{19}F，^{31}P の NMR 測定に影響する性質を**表 5.3** に示す．

^{1}H 以外核種の特徴として，検出される信号の周波数範囲が広いことが挙げられ，化合物中の官能基などの環境がわずかに異なることでも信号が分離する可能性が期待できる．NMR はクロマトグラフィーのような分離分析とは異なり，信号が重なると測定条件の変更による分離が容易でないため，検出される信号の周波数範囲が広いことは大きなメリットである．特に，^{13}C はほとんどの有機化合物に含まれているために構造解析などの定性分析によく利用される．例えば，有機合成化学での反応効率や生成量の評価のほか，合成高分子の重合度の評価に用いられている．しかしながら，^{13}C は天然存在比が約 1.1 % などのため，検出感度が不十分であることが一般的に知られており，精確な定量分析には適していないとされる．一方，^{19}F や ^{31}P は天然存在比が 100 % の核種であり，検出に有利な核種として知られる．そこで本項では，検出感度が高く，広い周波数範囲に信号が検出される ^{19}F を例にその定量性について紹介する．

5.5.2　オフレゾナンス効果の影響

図 5.16 にペルフルオロオクタスルホン酸カリウム（PFOS）の ^{19}F NMR スペクトルを示すが，−80 ppm〜−130 ppm と高範囲に渡って信号が検出されていることがわかる．

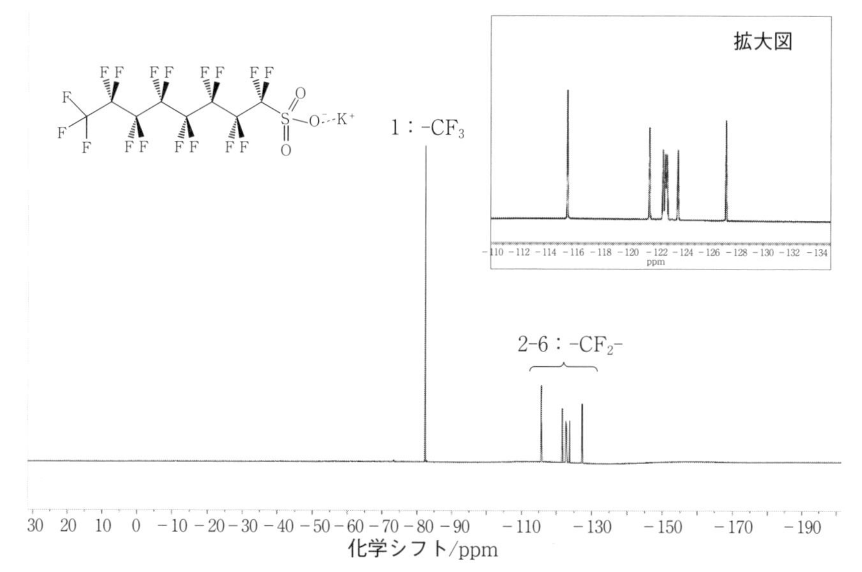

図 5.16　PFOS の ¹⁹F NMR スペクトル

また，PFOS は非常に類似した $-CF_2-$ を持つが，^{19}F NMR ではこれらの信号が分離していることもわかる．^{1}H NMR ではこのように類似した $-CH_2-$ 信号は重複するために個別に評価することは難しいことから，^{19}F NMR の利点と言える．

一方で，NMR において検出される信号の周波数範囲が広い場合には，すべての測定周波数範囲を一定の強度で励起することができないことも知られている．この現象はオフレゾナンス効果と呼ばれ，励起中心周波数（オフセット）から遠い（オフレゾナンス）周波数で検出される信号は，励起効率が低下し信号面積が小さくなる．

図 5.17 には共鳴周波数が 600 MHz の NMR 装置でオフセットを変えて測定したときの PFOS の $-CF_3$ 信号の変化を規格化した信号の面積値で示した．ここではパルス幅に 14.4 μs（90° パルス）を用いた．

オフセットから遠い信号ほど信号面積が低下し，80 ppm のズレで約 50 % の低下が認められる．このため，離れた周波数間で信号面積を比較する際には，オフレゾナンス効果の影響を考慮する必要がある．また，測定条件によってオフレゾナンス効果の程度は変化することも知られており，例えばパルス角

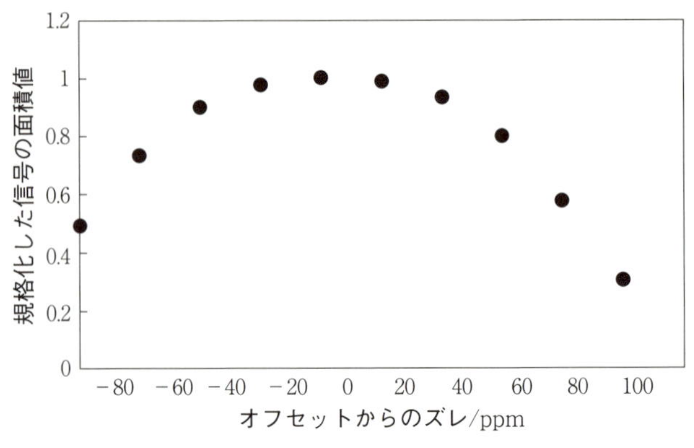

図 5.17　オフレゾナンス効果の影響

の小さな条件では励起範囲が広くなるために相対的にオフレゾナンス効果の影響は低減されるが，^{19}F NMR では測定周波数範囲が広いため，比較する信号の周波数の差が大きい場合にはオフレゾナンス効果の影響を考慮せずに定量分析を行うことは難しい．

なお，オフレゾナンス効果はすべての核種の NMR 測定で見られる現象であるため，目標とする精確さと測定周波数範囲によって考慮するか否かを判断してほしい．

5.5.3　^{19}F NMR における定量分析法

定量分析を適切に行えるようにオフレゾナンス効果を低減する方法はいくつか考えられる．図 5.17 からわかるように，NMR で得られる信号は，オフセットに対して左右対称に信号面積が減衰している．この現象を利用すると，オフレゾナンス効果の影響を同等にすることで適切に信号面積を比較することができる．そこで，図 5.18 のように分析対象成分の信号と定量用基準物質の信号の中心にオフセットを設定することで，オフレゾナンス効果の影響を同等にすることができると考えられる．

このようにオフレゾナンス効果の影響を同等にすることで周波数範囲の広い場合でも適切な定量が可能となるが，オフセット付近にある場合と比べると十分な信号強度が得られないことによる測定精度の低下が懸念されるため，^{1}H

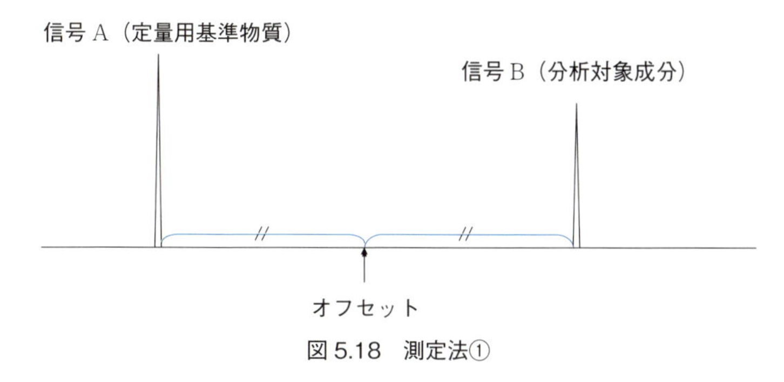

図5.18　測定法①

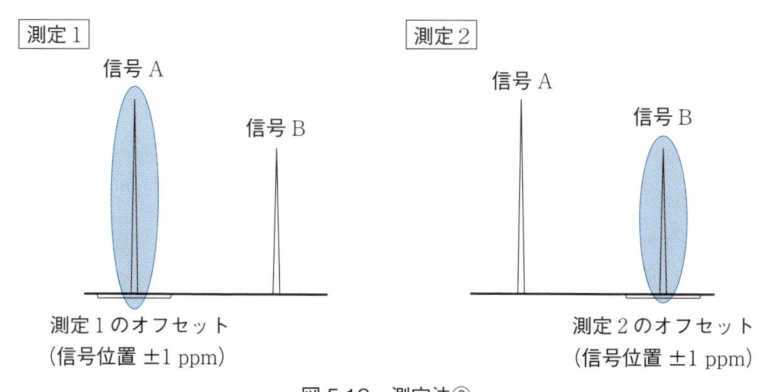

図5.19　測定法②
測定1における信号Aの面積と測定2における信号Bの面積を比較

NMRと比較して，高濃度の試料溶液の調製や多くの積算回数が必要になる場合がある．そこで，オフレゾナンス効果と信号面積の減衰を考慮した**図5.19**のような測定法が考えられる．

まず，信号A（定量用基準物質）の近くにオフセットを設定して測定し，次に信号B（分析対象成分）の近くにオフセットを設定して測定する．1回の測定からは一つの信号面積しか得られないが，信号に隣接したところにオフセットを設定するために離れた信号間であっても信号強度が減衰することなく定量できるという利点がある．ただし，定量結果を得るためには2回の測定する必要があるために，時間効果によるドリフトに注意する必要がある．

5.5.4 ^{1}H NMRと^{19}F NMRの比較事例

^{1}H NMRと^{19}F NMRの比較事例として定量用基準物質に3,5-ビストリフルオロメチル安息香酸を，分析対象成分にジフルベンズロンを用いた純度測定におけるNMRスペクトルを**図5.20**に，主な測定パラメータを**表5.4**示す（図5.20(A)：^{1}H NMRスペクトル，図5.20(B)：^{19}F NMRスペクトル）.

図5.20(A)と図5.20(B)からわかるように^{1}H NMRではやや複雑なスペクトルが得られるが，^{19}F NMRでは単純なスペクトルが得られている．単純なスペクトルが得られることは複雑な構造の化合物を定量する際には利点となることもあり，例えば夾雑物が多い中での成分分析の際には有効な手法となりうる．また，^{19}F NMRの測定例では，横緩和時間[†23]であるT_2が短いために取込み時間を1秒としている．この例のようにT_2が短い場合には，SN比の低下を避けるために定量する信号に応じて取込み時間の最適化を行うことが望ましい（「2.3.3-5) 取込み時間の確認」参照）．また，T_2は信号の線幅に影響することが知られており，T_2が短い場合では信号がブロード化する．そのため，それぞれの信号に適した積分範囲の設定が必要であり，半値幅を基準とした積分範囲を提案する．例えば，上述したジフルベンズロンの測定例では，定量用基準物質の半値幅は約2 Hzであるのに対して，分析対象成分であるジフルベンズロンの半値幅は約27 Hzである．このように^{19}F NMRでは信号によって線幅が大きく異なることから，精確な値を得るためには半値幅を基準に約100倍の積分範囲を設定することを推奨したい．ただし，積分範囲を拡大することで，ベースライン補正などの解析によるばらつきも増大することが懸念されるため，個々の信号について解析条件を最適化する必要がある．

以上述べてきたように，^{19}F NMRにおいてもオフレゾナンス効果の影響や解析条件を最適化することで^{1}H NMRと同様の精確さで測定結果を得ることが可能となる．

†23 横緩和時間：スピン－スピン緩和時間．T_2ともいう．ラジオ波パルスによって励起された磁化の外部磁場と垂直な成分が，完全にランダムな状態になる過程を表す時定数．

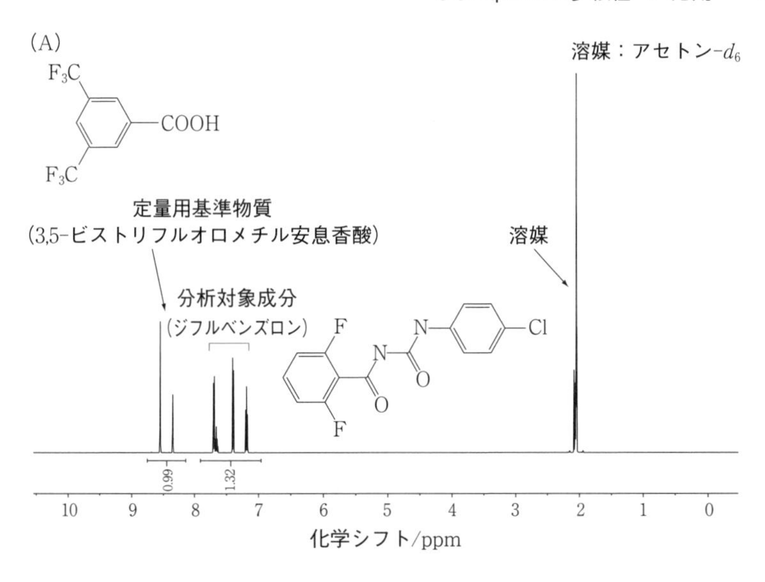

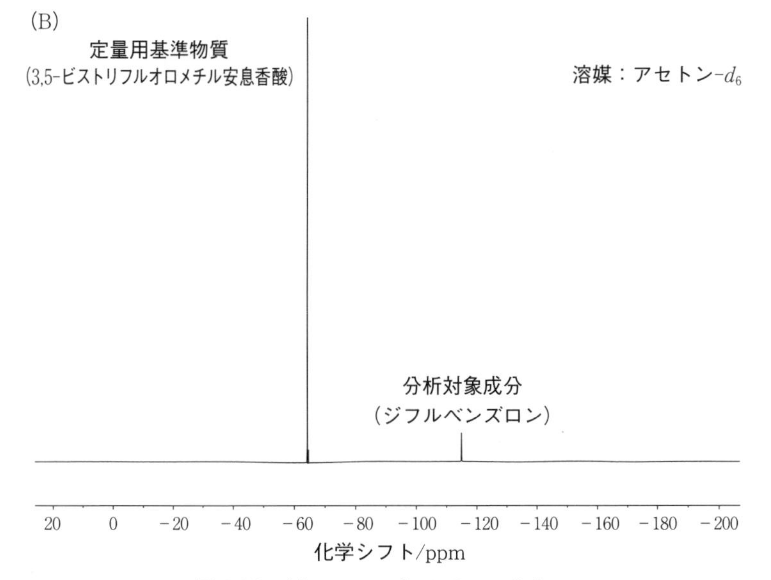

図 5.20　ジフルベンズロンのスペクトル
(A) ^{1}H NMR スペクトル，(B) ^{19}F NMR スペクトル．

表 5.4　^{19}F NMR の測定パラメータ例

測定条件	
測定核 測定温度 測定スペクトル幅 取込み時間 パルス幅 パルス角度 積算回数	^{19}F 25 ℃ 131578.9 Hz（233.1 ppm） 1 s 60 s 14.4 s 90° 32

5.6 日本薬局方における qNMR の採用と経緯

日本薬局方とは

日本薬局方は，日本の医薬品の公的な規範書であり，厚生労働省の告示として発出される．原則として，5 年に一度改正されるが，さらに 5 年間に二度追補が出版される．現在の最新版は，2014 年 2 月に発出された，第 16 改正日本薬局方第二追補（16 局第二追補）である．日本薬局方では，まず，総則があり，次いで生薬総則，製剤総則，一般試験法，医薬品各条，参照スペクトルの順に記載されている．

日本薬局方における生薬

日本薬局方医薬品各条には，化学薬品から生薬まで，幅広く収載されているが，生薬および，生薬を有効成分として含む製剤（ただし，配合剤にあっては，生薬を主たる有効成分として含む製剤）の医薬品各条は，「生薬等」としてまとめられ，化学薬品などとは分かれて収載されている．日本薬局方おける生薬の定義は，生薬総則の第 1 項に，「動植物の薬用とする部分，細胞内容物，分泌物，抽出物または鉱物など」とあるが，具体的には，局方まえがきにあるように，生薬関連品目にはラテン名がつけられることから，ラテン名があるものが，生薬と考えられる．現在，「生薬等」には，231 の生薬（末を含む）が収載され，その規格が公的に示されている．

5.6.3 日本薬局方生薬試験法における qNMR の収載

生薬分野における 16 局第二追補での最大の話題は，一般試験法の中に収載され，生薬に関する試験法を規定した，「生薬試験法」に，「核磁気共鳴（NMR）法を利用した生薬および漢方処方エキスの定量指標成分の定量」が収載され，qNMR により SI トレーサビリティを持った（計量学的に値付けされた）試薬を利用して，医薬品各条に規定された指標成分が定量されることである．

第 16 局第一追補（2012 年 9 月公布）参考情報では，qNMR の日本薬局方での採用に先立ち，「核磁気共鳴（NMR）法を利用した定量技術と日本薬局方試薬への応用」が収載された．ここでは，局方収載の天然物医薬品において，定量指標成分を定め，天然物医薬品の定量のため，日本薬局方標準品を設定することの困難さが次節のように述べられている．

5.6.4 qNMR の日本薬局方試薬への応用

日本薬局方では，化学的合成品である医薬品の定量の際，ほとんどの場合，純度を公的に保証した日本薬局方標準品が供給されることを前提として，医薬品の定量規格を規定してきた．一方，天然物由来の医薬品である，生薬，漢方処方エキスで指標成分の定量値を規定する場合，指標成分が天然物であるため，多くの化学医薬品と同様に日本薬局方標準品を設定し用意するには，以下のような課題があることが指摘されてきた．

化学医薬品と異なり，生薬・漢方処方エキスは非常に多くの化合物の混合物であり，医薬品（生薬・漢方処方エキス）中の 0.1 %～数 % 程度の含量の化合物を定量指標成分として設定する必要があるが，多くの場合これらの化合物の合成は容易ではない．したがって，天然物より，十分な純度を持つ化合物を精製，単離することになる．この場合，多大な労力が必要となり，標準品を準備する経済的コストが多大となる．また，原料の差，抽出，精製，単離行程の差により，不純物の構成が異なることになり，ロット間格差が合成品と比較して大きく，公的な標準品として純度コントロールが難しい．また天然物の場合，最大の不純物は水である場合が多いが，厳密に水分含量を測定しようとすると，カールフィッシャー法を利用することになり，水分含量規定のために貴重な化合物を別途消費することになる．

このような隘路があるため，局方の生薬，漢方処方エキス各条規格では，多くの場合，日本薬局方標準品の設定が難しく，便宜上その時点で市販されている試薬，あるいは市販可能な試薬について規格を局方の試薬・試液の項で定め，その物質を分析用標品と規定し，定量法と定量規格を規定している．ところが，このような試薬を定量分析用標品とした場合，標品の純度規格は，計量学的な値付けが行われていないため，厳密に議論すると，その信頼性が問題となる．

このような天然物に由来する試薬の純度の問題は，qNMRを用いることで解決することが可能である．すなわち，前述した原理に基づき，これらの試薬に対してqNMRを用いて正しい含量を値付けすることができれば，試薬を計量トレーサビリティが保証された定量分析用標品として利用することが可能となる．

現在，このような試薬に対するqNMRは，順次実施されており，試薬の定量値付けの際，考慮すべき点を考察した論文が公表[8, 36–37] されている．また，HPLCによる定量用標準品として使用される可能性の高い物質を使用して，qNMRのバリデーション実験も行われており，分子量300程度の化合物で，測定に10 mg程度使用すれば，使用機器間誤差を含めても通常の実験室レベルで，有効数字2桁を保証しながら値付けが可能であることが示されている[36]．通常，生薬中の定量指標成分の含量は最大でも数%であり，規制値も0.1 %が最小単位であることから，天然物である生薬ごとのばらつきを考慮すれば，定量分析用標品の含量は有効数字2桁の保証で十分と考えられる．

これらのことを考慮すると，試薬を定量用標準品として使用して得られた分析値の曖昧さは，qNMRによって値付けされた試薬をHPLCなどの定量用標準品として使用し，値付けされた試薬の純度を定量値の算出に組み込むことで，現実的に回避することができる．例えば，局方「サンシシ」では，ゲニポシドの含量を HPLC 分析に基づき 3.0 %以上と規定しているが，定量分析用標品となる定量用ゲニポシドとして使用可能な試薬について qNMR を実施すると，純度は 92 %程度であることが前述した論文で示されている．したがって，この試薬の純度を 100 %と仮定して定量分析用標品とし HPLC を実施した結果，定量値が 3.0 %と導かれる場合，qNMR による純度と計量トレーサビリティの確保を考慮した定量値は，2.8 %であることになる．

5.6.5 qNMR を利用した試薬と，生薬各条での分析対象品目

このような背景のもと，16 局第二追補では，日本薬局方における生薬成分を定量するための指標となる試薬について，純度を qNMR により，SI トレーサビリティを持って値付けし，値付けされた試薬を HPLC 定量分析における標品として利用し，各条医薬品の指標成分含量を定量する方法が採用された．

具体的には，qNMR により値付けされた 4 種の試薬（ゲニポシド，ペオノール，マグノロール，マグノフロリン）の供給が，和光純薬から開始されたことに対応し，サンシシ，サンシシ末，黄連解毒湯エキス（以上，ゲニポシド），ボタンピ，ボタンピ末，加味逍遥散エキス（以上，ゲニポシド，ペオノール），コウボク，コウボク末，半夏厚朴湯エキス（以上，マグノロール），葛根湯加川芎辛夷エキス（新規収載品目，マグノフロリン）の各条規格において，SI トレーサビリティを確保した試薬を利用して，指標成分の定量が行われることになった．なお，第二追補の段階では，従来の SI トレーサビリティのない試薬についても，利用が認められており，試薬規格変更における現場での混乱が起こらないように配慮されている．

5.6.6 日本薬局方試薬規格における qNMR 採用までの準備内容

前述したように，2014 年 2 月から医薬品の規範書である日本薬局方において qNMR が正式に採用されたが，公定書に新規な試験法を採用するためには，本書の別項で述べられている qNMR の技術的な確立だけでなく，個別の事項についてさまざまな検討を行い，問題を一つひとつ解決し，どのような点

に注意をはらえば，新規試験法の利用が可能であるかどうか明らかにしていく必要がある．これ以降は，個々の検討点と，その対応策について，簡単に紹介する．

1）定量対象信号の決定

通常，天然物由来の試薬の場合，合成物由来の試薬と違い，その純度は95 %以下である．多くの場合，不純物は水であるが，精製に使用した溶媒や，類縁化合物が微量含まれ，その純度は90 %程度となっている場合も多い．天然素材よりクロマトグラフィーにより精製した化合物について qNMR の測定を行い，同法を試薬の純度規格化に利用する場合における課題が調べられた[8]．その結果，定量対象とする信号の選定が，最も重要な課題であることが明らかとなった．

一般に，NMR においては，信号が単スピン系の場合シングレットとなり，二スピン系となるとダブレットに分裂し，さらに多スピン系になると，より複雑なカップリングパターンを示すことになる．多スピン系の場合，それぞれの化学シフトと J 値との関係から1次近似できない信号となる場合が多くあり，その場合，主観的に決定した積分範囲の外に，実際には残った信号が存在することがあり得る．また，より積分範囲が狭いほど，正しい信号に隠れた不純物の信号を同時に積分する可能性が減ることになる．したがって，積分値の信頼性を考えると，より単純なスピン系を持つ信号でより積分範囲が狭い信号がより精確で信頼のおける純度を示すものと考えられる．一方，さまざまな形状を持つ複数の信号を定量対象として，それらの値について，平均化したほうが，それぞれの信号中に不純物が混入していない限り，より精確さ（真度と精度）が高い結果が得られるものと考えられる．しかしながら，沢山の信号を選択すれば，積分範囲が大きくなることから，不純物の混入確率も大きくなるうえ，多スピン系の信号も含む点で積分範囲の決定により曖昧さを持った信号のデータを含めたものとなる．

我々の経験では，98 %以上の純度を持つ化合物の場合，最も単純な信号由来の純度の平均より，全有効信号由来の純度の平均値を利用したほうが，真度さが高くなるが，95 %程度では両者はほぼ同じ値を示し，90 %程度であると不純物のリスクがあることから，最も単純な信号由来の純度，あるいは最も低値を示した純度を利用したほうが，真度が高くなるものと考えている．

信号の選択には，不純物信号の出現位置についても，注意する必要がある．通常，溶媒由来や，NMR 試料管由来，標準物質関連の不純物信号は，高磁場に出現する．したがって，なるべく芳香族領域の信号を定量対象としたほうが，これらの不純物由来の信号の混入リスクを回避しやすい．一方で，分析試料のクロマトグラフィーなどで分離できなかった関連化合物由来の信号は，芳香族領域であっても，容易に出現する．コールドプローブ付きの超高感度 800 MHz NMR で qNMR を実施すると，それまで観測できなかった不純物由来の信号が，ときに，定量領域に出現することが確認できる．したがって，qNMR の実施前に事前に，どこに不純物の信号が出現するか，通常の ^{1}H NMR で数千回の積算をして，確実に捉えておくことが，必須であると考えている．

信号の分離度は，NMR の分解能だけでなく，磁場の大きさに依存する．したがって，測定する機器の性能に見合った信号を選択することが，重要となる．例えば，800 MHz の NMR で測定した結果では，分離が良好であり，定量対象となる信号であったとしても，400 MHz で測定すると，信号が不純物信号から分離せず，定量対象からはずれる場合もある．また，溶媒の選択も重要である．溶媒の選択により，定量対象の信号の化学シフトと形状が変わることは，当然であるが，分析試料や標準物質由来の不純物の化学シフトや形状も変わることになる．さらに，分析対象成分だけでなく，1,4-BTMSB-d_4 や DSS-d_6 といった定量用基準物質の溶解度も変化することを意識しておく必要がある．

2) バリデーション実験[36]

前述した，日本薬局方参考情報でも述べられているが，日本薬局方に qNMR を採用する前に，日本薬局方において生薬等の成分の定量分析用標品として用いられる 2 化合物（「コウボク」に使用されるマグノロール，「サンシシ」に使用されるゲニポシド）を用い，qNMR 法を利用して 5 機関の測定者間で独立に両化合物について定量（3 回独立のはかり取り，それぞれの試料について 3 回ずつ独立に NMR 測定）し，同法についてバリデーション実験が実施されている．また，この検討では，なるべく測定差が大きくでるように，それぞれの参加者が異なったNMRを使用している．

バリデーション実験参加者ごとの平均値±SD（純度）の値は，すべての積分値の誤差要因（機器内誤差，調液誤差，機器間誤差など）をすべて含んで得られた値である．マグノロールでは，この値が98.97％ ± 0.19％となり，得られた最大値と最小値の差は0.45％，ゲニポシドでは96.09％ ± 0.28％となり，最大値と最小値の差は0.64％となっている．ここで行ったマグノロールの指標プロトン濃度（マグノロールの場合2H分の縮重した信号を積分しているため，38 mM/1 H，1 H分のダブレットを指標信号として，分子量300で10 mg程度）で試料溶液を調製すれば，機器間誤差を含めても得られた定量値の標準偏差が0.2 ％程度あるため，ほぼ95％信頼区間となる平均値 ±2SDが平均値±0.4％程度となり，有効数字2桁を保証しながら十分に値付けが可能となる．一方，生薬中の定量指標成分の含量は最大でも数％であり，規制値も0.1 ％が最小単位であることから，天然物である生薬ごとのばらつきを考慮すれば，定量分析用標品の含量の精確さは，有効数字2桁を保証すれば十分である．よって，このバリデーション実験の結果に基づき，qNMRの局方採用が決定された．

3）調製誤差と測定誤差

前述した，バリデーション実験で判明している誤差のうち，NMRの機械精度により生じる誤差は，通常のNMRユーザーは測定回数を増やすこと以外，改善することが難しい．したがって，それ以外の誤差（調製誤差と測定誤差）をなるべく少なくするための工夫が重要となる．日本薬局方では，qNMRの実施対象となる定量用試薬については，試薬・試液の項に試薬と標準物質の採取量が規定されている．両者のはかり取りには高い精密さが求められることから，天びんの最小計量値を加味し，ウルトラミクロ化学はかりを用い，天びんの最小計量値以上でなければならないと規定されている．この規定された両者の採取量は，バリデートされた現実的な最低量を記載したものである．したがって，両者が完全に溶解できる場合には，量比を保ったうえ，増量して測定したほうが，スペクトルのSN比が改善され，ほとんどの場合より精確さが高い測定となる．また，なるべく多い積算回数で測定するほうが，スペクトルのSN比が改善され，より精確さが高い測定となるが，数時間以上の測定となる場合には，磁場と機器の安定性を考慮する必要がある．また，重水素化率が高い重溶媒を使用するほうが，若干ではあるが感度が向上する．前述したように，SN 比が改善されると，スペクトル上でこれまで見えていなかった不純物信号が検出される場合がある．このような不純物に由来する信号の存在が明確になったときは，その信号が存在する化学シフトの範囲は，積分対象としてはならない．また，NMR 測定用重水素化溶媒や標準物質の 1,4-BTMSB-d_4 や DSS-d_6 においても，わずかな不純物の信号は観測されており[37]，これらの不純物信号の範囲を，qNMR の測定の前に把握しておくことが重要である．さらに，測定溶媒中に長時間保存すると，わずかずつではあるが不純物信号が増えることが確認されており[37]，qNMR の測定は，試料溶液の調製後，直ちに実施すべきである．

4）吸湿性

試薬として，試薬メーカーが qNMR で純度を規定したとしても，実際に，利用者の研究室で HPLC の検量線を作成する際の標準溶液を調製する際には，純度が規定された試薬を，試薬瓶から出してはかり取る必要がある．試薬の水分含量は，試薬のまわりにある空気の湿度により変動するが，現実の吸湿あるいは乾燥速度は，試薬によって異なる．もし，はかり取りの段階で，水分含量が変動してしまうと，折角 qNMR で精確な純度規定を行っても，HPLC の定量値は動いてしまうことになる．精確な HPLC の検量線を作成するためには，試薬をはかり取る状態での吸湿あるいは乾燥速度が無視できるほど小さいことである．したがって，試薬メーカーは，このような条件を確認して，試薬の純度を値付けしておく必要がある．理想的には，試薬メーカーがはかり取る際の温・湿度条件を規定して，試薬の水分含量が平衡状態に達したときに，はかり取りを行った後，qNMR を測定し，その温・湿度条件を表記し，出荷先でも，はかり取りを行う際には，同じ，温・湿度条件で行うことが精確な定量につながることになる．

食品添加物定量用試薬の純度分析へのqNMRの応用

qNMRは，さまざまな有機化合物に対して分析値の信頼性を確保した定量が可能な方法である．このような特徴から，日本の医薬品品質の公的な規範書である日本薬局方に収載されている定量用試薬の純度分析法としてqNMRが採用された（「5.6　日本薬局方におけるqNMRの採用と経緯」参照）．この流れは，公的な規格で規制されている食品添加物の分野へも広がりを見せている．食品添加物は，その安全性を担保する品質確保の目的で，食品添加物ごとに成分規格が設定されている．この成分規格には，原則として含量とその分析法が定められており，HPLCなどのクロマトグラフィーが使用される場合，純度が精確な定量分析用標品が必要となる．平成23年にフルジオキソニルが防かび剤として食品添加物に指定された際，食品添加物の定量用試薬の規格試験法（純度分析法）としてqNMRが初めて採用された（平成23年厚生労働省告示第307号）．また，平成25年に新規指定されたアゾキシストロビンおよびピリメタニルの定量用試薬の規格試験法にも本法が採用され（平成25年厚生労働省告示第45号，平成25年厚生労働省告示268号），これらSIトレーサビリティが保証された定量用試薬が，各食品添加物の定量分析の標品として利用されることとなった．このような定量用試薬の規格試験法へのqNMRの応用は，食品添加物の定量分析の信頼性のさらなる向上につながり，国民の要望が高い食品添加物の安全の一層の確保に大きく貢献できると期待されている．

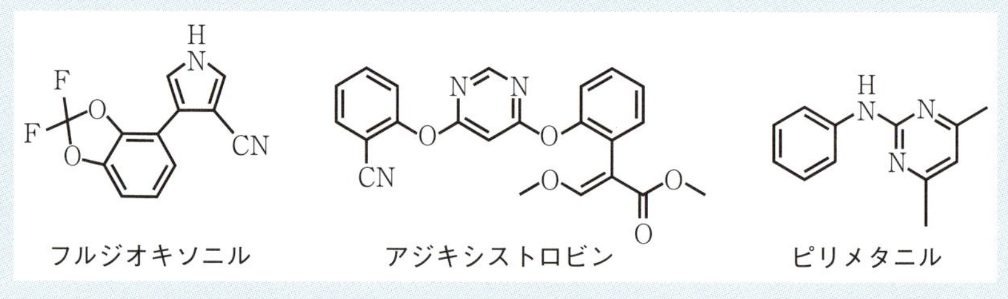

定量用試薬にqNMRの規格試験法が採用されている食品添加物

5.6.7 まとめ

qNMR の日本薬局方への導入に関する過程は，複数の論文[8, 36-37]や総説[38-40]においてより詳しく述べられており，興味がある方は，これらの原稿を参考にされたい．また，qNMR 法は，これまで手間のかかるマスバランス法[†24]で純度を規格化していた一部の日本薬局方標準品にも応用可能な手法であり，生薬分野だけでなく，他の分野での利用も期待される．

文献

［1］ 田原麻衣子，末松孝子，早川昌子，合田幸広，小西良子，杉本直樹：*Mycotoxins*, **62**(2)，111 (2012)

［2］ 田原麻衣子，杉本直樹，大槻崇，多田敦子，穐山浩，合田幸広，西村哲治：環境化学，**22**(1)，33 (2012)

［3］ 田原麻衣子，杉本直樹，大槻崇，多田敦子，穐山浩，合田幸広，五十嵐良明：環境科学会誌，**27**(3)，142 (2014)

［4］ 田原麻衣子，杉本直樹，小林憲弘，穐山浩，五十嵐良明：水道協会雑誌，**83**(3)，9 (2014)

［5］ 田原麻衣子，中島晋也，杉本直樹，有薗幸司，西村哲治：水道協会雑誌，**81**(5)，10 (2012)

［6］ 田原麻衣子，杉本直樹，末松孝子，有福和紀，齋藤剛，井原俊英，吉田雄一，多田敦子，久保田領志，清水久美子，山崎壮，棚元憲一，中澤裕之，西村哲治：日本食品化学学会誌，**16**(1)，28 (2009)

［7］ 田中理恵，永津明人：ファルマシア，**48**(8)，750 (2012)

［8］ 細江潤子，杉本直樹，合田幸広：医薬品医療機器レギュラトリーサイエンス，**41**(12)，960 (2010)

［9］ 多田敦子，高橋加奈，杉本直樹，末松孝子，有福和紀，齋藤剛，井原俊英，吉田雄一，石附京子，西村哲治，山崎壮，河村葉子：食品衛生学雑誌，**51**，205 (2010)

［10］ 杉本直樹，多田敦子，末松孝子，有福和紀，齋藤剛，井原俊英，吉田雄一，田原麻衣子，久保田領志，清水久美子，山崎壮，河村葉子，西村哲治：日本食品化学学会誌，**17**，179 (2010)

［11］ A. Tada, K. Takahashi, K. Ishizuki, N. Sugimoto, T. Suematsu, K. Arifuku, M. Tahara,

†24 マスバランス法：マスバランス法は日本薬局方の標準品の純度などを求めるために用いられる方法であり，物質の収支により対象物質の含量（純度）を求める方法のことをいう．マスバランス法では，類縁物質，強熱残分，残留溶媒，他の不純物を控除項目として純度（%）を求める．

T. Akiyama, Y. Ito, T. Yamazaki, H. Akiyama, Y. Kawamura : *Chem. Pharm. Bull.*, **61**, 33 (2013)

[12] 杉本直樹，多田敦子，末松孝子，有福和紀，齋藤剛，井原俊英，吉田雄一，久保田領志，田原麻衣子，清水久美子，伊藤澄夫，山崎壮，河村葉子，西村哲治：食品衛生学雑誌，**141**，1322 (2013)

[13] T. Yoshida, K. Terasaka, S. Kato, F. Bai, N. Sugimoto, H. Akiyama, T. Yamazaki, H. Mizukami : *Chem. Pharm. Bull.*, **61**, 1264 (2013)

[14] K. Hasada, T. Yoshida, T. Yamazaki, N. Sugimoto, T. Nishimura, A. Nagatsu, H. Mizukami : *J. Nat. Med.*, **65**, 262 (2011)

[15] K. Hasada, T. Yoshida, T. Yamazaki, N. Sugimoto, T. Nishimura, A. Nagatsu, H. Mizukami : *J. Nat. Med.*, **64**, 161 (2010)

[16] T. Ohtsuki, K. Sato, N. Sugimoto, H. Akiyama, Y. Kawamura : *Talanta*, **99**, 342 (2012)

[17] 厚生労働省医薬食品局食品安全部基準審査課長通知：「食品中の食品添加物分析法」の改正について，平成22年5月28日，食安基発0528第4号

[18] F. Malz, H. Jancke : *J. Pharm. Biomed. Anal.*, **38**, 813 (2005)

[19] T. Ohtsuki, K. Sato, N. Sugimoto, H. Akiyama, Y. Kawamura : *Anal. Chim. Acta*, **734**, 54 (2012)

[20] T. Ohtsuki, K. Sato, N. Sugimoto, H. Akiyama : *Food Chem.*, **141**, 1322 (2013)

[21] T. Ohtsuki, K. Sato, Y. Abe, N. Sugimoto, H. Akiyama : *Talanta*, **131**, 712 (2015)

[22] JIS K 3362，合成洗剤試験方法 (1998)

[23] ISO 2271-1972 (E)，界面活性剤—合成洗剤—陰イオン界面活性剤の定量

[24] ISO 2871-1973 (E)，界面活性剤—合成洗剤—陽イオン界面活性剤の定量

[25] 笠井幸郎，矢野弥，木村和三郎：日本化学会誌，**1972**，2390 (1972).

[26] 界面活性剤分析研究会編：『新版　界面活性剤分析法』，幸書房 (1987)

[27] JIS K 3362，合成洗剤試験方法 (1998)

[28] 技術情報協会 編：『界面活性剤の分離・分析技術』，技術情報協会 (1999)

[29] I. Ogura, D. L. Duval, S. Kawakami, K. Miyajima : *J. Am. Oil Chem. Soc.*, **73**, 137 (1996)

[30] 宮前裕太，吉沢賢一，土屋順子：分析化学，**50**，61 (2001)

[31] 宮前裕太，松本剛，吉沢賢一，土屋順子：分析化学，**51**，92 (2002)

[32] 小池亮，城昭一，東美喜子，脇阪達司：分析化学，**53**，1125 (2004)

[33] 小池亮，城昭一，東美喜子，脇阪達司：分析化学，**53**，1133 (2004)

[34] 小池亮，城昭一，東美喜子，脇阪達司：分析化学，**54**，715 (2005)

[35] JIS K 8005，容量分析用標準物質 (1999)

[36] 細江潤子，杉本直樹，末松孝子，山田裕子，早川昌子，勝原孝雄，西村浩昭，合田幸広：医薬品医療機器レギュラトリーサイエンス，**43**，182 (2012)

[37] 細江潤子，杉本直樹，末松孝子，山田裕子，三浦亨，早川昌子，鈴木裕樹，勝原孝雄，西村浩昭，菊地祐一，山下忠俊，合田幸広：医薬品医療機器レギュラトリーサイエ

ンス，**45**(3)，243 (2014)
[38]　合田幸広：*Pharm Tech Japan*; **28**，2795 (2012)
[39]　合田幸広：化学と教育，**61**，300 (2013)
[40]　合田幸広：医薬品医療機器レギュラトリーサイエンス，**44**，753 (2013)

あとがき

qNMR に関わって 7 年が過ぎようとしている．この本の著者の多くが，まだ qNMR という言葉がほとんど知られていない頃から，「qNMR の普及とインフラ整備」に何らかの形で関わっている．共同研究では数ヶ月に一度，打ち合わせを重ね，実験計画を立て，時にはセミナーの企画をし，問題点を長時間議論した．それは，qNMR が有用な分析技術であるとそれぞれの立場で認識し，思い描く未来があったからだと思う．

私は NMR メーカーに所属しており，実は当初，「NMR による定量分析の現在」を想像できていなかった．NMR の定量性（10％程度の精度という感覚で）は当たり前であるという意識から抜けだせず，何から始めるか戸惑った記憶がある．しかし，多くの研究者達が常識にとらわれず実験に取り組み，そして知恵と勇気を出して前に進もうとしていることを感じ，そして高い精度があることも実感すると，この未知なる領域が「未来につながる今」であると信じるようになった．

現在，qNMR は普及とインフラ整備が順調に進んでおり，実用的な定量分析の一つとして認識されるようになってきた．それは今まで多くの方がさまざまな形で関わってきたからだと思う．ここですべてを紹介できないが，日本電子株式会社 有福和紀氏は分析者からの大きなリクエストであった「NMR データの処理と計算を効率よく実行するもの」をいち早く形にしてくれた．そして，和光純薬工業株式会社 上田　衡氏，日本電子株式会社 吉田浩久氏は qNMR がもたらす境界領域の深さを意識して議論していた．このような積み重ねがインフラ整備の大きなドライビングフォースとなったのは間違いないと思う．

今，qNMR はアメリカ，ヨーロッパにおいても積極的な実用化への取り組みが見られる．これからを思い描くと，たくさんの可能性を感じバージョンアップが楽しみである．とはいえ，この本の読者一人ひとりの軌跡がつながることで，今はまだ想像することのできない形になると私は思う．qNMRをどう活用するか？　どうしたいか？　それぞれの未来に向かって，さあ，一緒に知恵を出し，勇気を持って前に進みましょう．

最後にこの本の出版を企画し，最後まで丁寧に編集作業をしていただいた共立出版社 酒井美幸氏に心から感謝いたします．

2015年4月

「qNMRプライマリーガイド」ワーキンググループ
末松孝子

索　引

【か】

【き】

【く】

【け】

【こ】

【さ】

【し】

【す】

Memorandum

Memorandum

Memorandum

Memorandum

〈著者紹介〉

「qNMR プライマリーガイド」ワーキング・グループ 代表

末松 孝子（すえまつ たかこ）

1997 年 九州大学大学院工学研究科博士課程単位取得後退学・工学博士

現 在 株式会社 JEOL RESONANCE ソリューション・マーケティング部 アプリケーショングループ 副主査

現在の研究・取り組みテーマ：定量 NMR が活躍するためのフレームワーク

qNMR プライマリーガイド

基礎から実践まで

A Guide to Quantitative Analysis for Beginners -from Basics to Practice

2015 年 5 月 25 日 初版 1 刷発行

著 者 「qNMR プライマリーガイド」ワーキング・グループ ©2015

発行者 南條光章

発行所 **共立出版株式会社**

〒 112-0006
東京都文京区小日向 4-6-19
電話 03-3947-2511（代表）
振替口座 00110-2-57035
URL http://www.kyoritsu-pub.co.jp/

印 刷 新日本印刷

製 本 協栄製本

検印廃止

NDC 433.5

ISBN 978-4-320-04449-4

一般社団法人
自然科学書協会
会員

Printed in Japan